# モンゴル・ゴビに
# 恐竜化石を求めて

柴　正博 著

東海大学出版部

Looking for dinosaur fossils in Mongolian Gobi
by Masahiro SHIBA

Tokai University Press, 2018
Printed in Japan
ISBN978-4-486-03739-2

口絵 1　山地の麓で平原盆地（デプレッション）を眺めてのランチサイト.

口絵 2　ミドル・ゴビの乾いた湖のほとりのランチサイト.

口絵 3　ホンギルツァフで見られる砂岩層が斜交するバインシレ層の崖.

口絵 4　アウグウランツァフとゲル.

口絵 5　アウグウランウラ（赤い山）の山頂からの景色.

口絵 6　アウグウランウラ（赤い山）で発見した恐竜の大腿骨の化石.

口絵 7　南ゴビで見られる砂丘群.

口絵 8　アメリカ隊の恐竜発掘地, バヤンザクの砦岩を含む台地の北縁.

口絵 9　バヤンザックの炎の崖（フレミングクリフ）．砦岩が赤く燃えた．

口絵 10　恐竜化石の宝庫，ツグリキンシレの白い崖．

口絵 11　オーシ山の地層（黒い部分は玄武岩溶岩）とモンゴルの Blue Sky.

口絵 12　ハンガイ山脈南縁の川のほとりのランチサイト．川の水面が青い．

# まえがき

ゴビは広大な草原と砂漠の地で、そこでの旅はまるでロールプレイングゲームを現実にフィールドでやっているような楽しさがある。ゴビの草原や砂漠にはほとんど道がなく、ともすると自分のいる位置さえわからない。我々は、ところどころに住んでいる遊牧民に道を聞き、道や井戸を確かめる。彼らは我々を歓迎し、そこでいろいろな情報と物を交換する。暖かい人とのふれ合いや雄大で美しい大自然との出会いがあり、その中にはかなりしばしば冒険がつきまとった。

この旅は、一九九四年九月に私がモンゴルのゴビに恐竜化石産地の地質調査に行った時のことを書きつづったものである。私はこの調査で、それまで日本人がほとんど訪れたことのない東ゴビや南ゴビを回って、自然やそこに住む人々と出会い、いろいろな経験をした。この旅は、まるでそれが私のために細かくプログラミングされていたかのように、私にとってたいへんにエキサイティングで楽しく、同時に私の専門である地質学的な興味を満足させてくれるものだった。

最近では、モンゴルと日本との交流はさかんに行われ、観光や調査でモンゴルを訪れる人も増えている。今後さらにその傾向はすすむだろう。私がこの旅のことをいくらか書き留めようとしたのは、私の調べてきたモンゴルの地質や恐竜化石産地についての情報はもちろんであるが、日本の人たちにとってなじみの少ないモンゴルの人の生活、それと彼らの考え方を正しく理解してもらおうと思ったからである。この雑文が、日本の人たちのモンゴルについての理解や両国の人たちの交流に少しでも役立てば幸いである。

本書の出版に関しては諸事情があり、一九九五年に脱稿した直後に、残念ながら出版することができなかった。そして、脱稿からすでに二〇年以上の歳月が過ぎてしまった。この間に、社会の状況は大きく変化し、モンゴルではそれは特に大きかった。しかし、この旅の感動と経験を、私はぜひ書物として残しておきたいという強い思いを持ち続けていた。

そして今、私は、この私の最初のモンゴル・ゴビの調査旅行記を、出版できたことを喜びに感じている。私をゴビの旅に招待してくれたモンゴルの友人トゥメンバイヤー氏には深く感謝する。私は、この一九九四年の旅の後、二〇〇二年までの間に休暇を使い六回もモンゴル・ゴビを訪れ、トゥメンバイヤー氏とともに各地で恐竜化石やゴビの地質調査を行った。

本書の出版にあたっては、東海大学出版部の田志口克己氏にお世話になった。また、本書の文中に名前をあげさせていただいたすべての方々には、この旅で多くの支援をいただき大変感謝している。その中でも坂巻幸雄氏には、文章をみていただきモンゴルの地名などの表記などを直していただいた。

本書の文章のほとんどは、一九九五年に脱稿した当時のままである。したがって、「あとがき」の日付もそのままにしてある。そのため、現在と異なった事がらも多くあり、それらのうちいくつかについては、（注）としてその違いについて記述した。

二〇一八年四月二日

柴　正博

目次

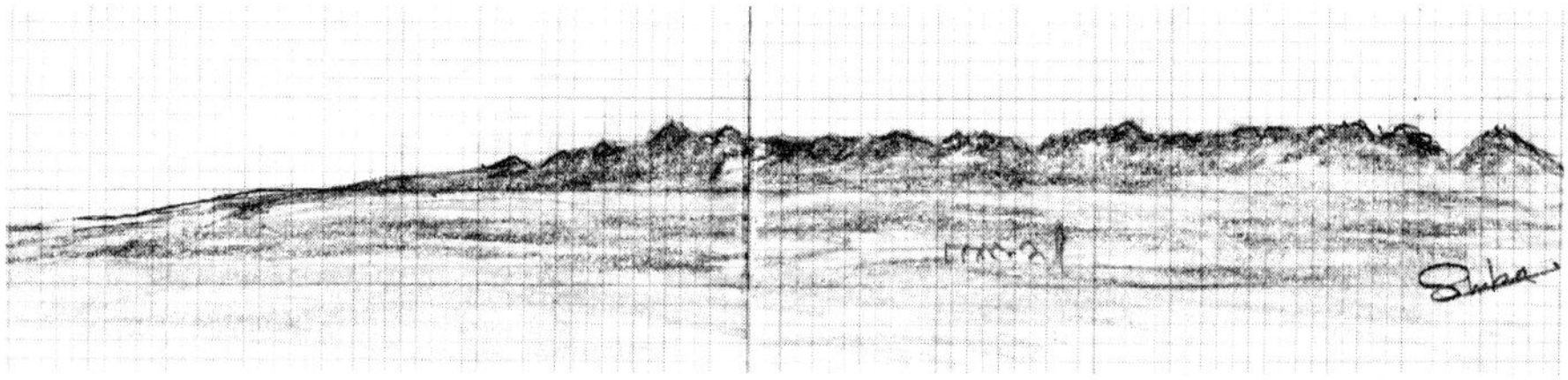

3人の美女と呼ばれる南ゴビのゴルバンサイハン山地の山並み.

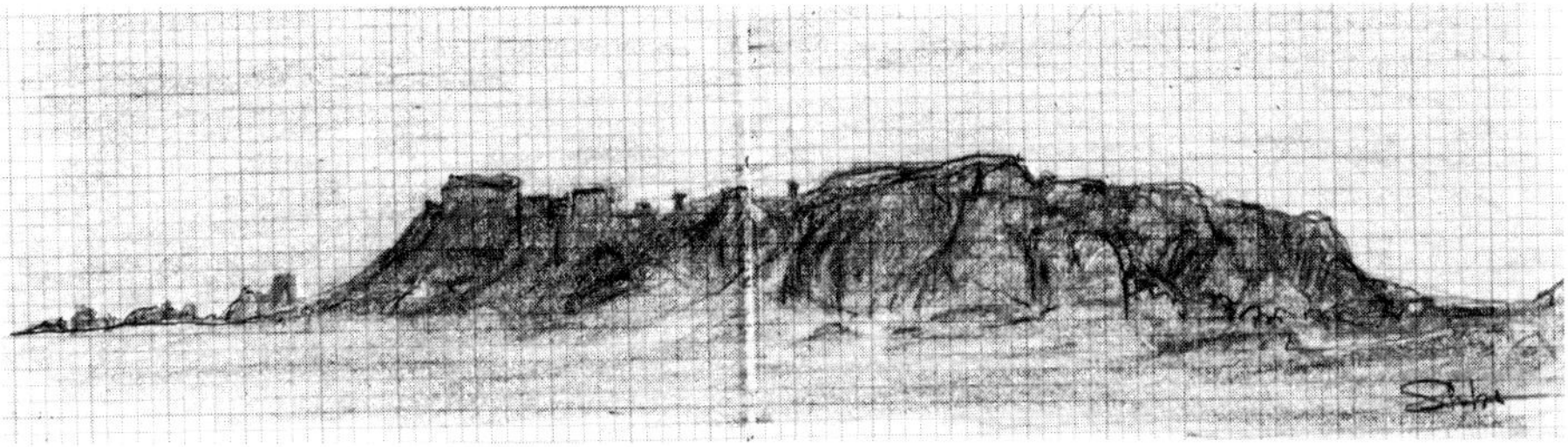

アメリカ隊が恐竜化石を発見したバヤンザクの炎の崖の全景.

# 第一章　モンゴルとの出会い

モンゴルのウランバートルにある自然博物館の恐竜ホールに展示されていたサウロロフスとタルボサウルス.

## 北京空港

北京空港の搭乗フィンガー一階にある待合室には、まだ数人の人がいるだけで、閑散としていた。出口近くの電光掲示板には、「乌兰巴托」（ウランバートル）という表示が点滅していた。

五年前の一九八九年一一月に私がウランバートルを訪れたときには、北京空港にはモンゴル航空のカウンターもなく、いかにもモンゴルの老人とわかるモンゴル航空の係員を探して、不安のままにその人のあとについて、この空港ターミナルの横手の出口から降りて、バス乗り場まで行ったことを思い出した。

一九八九年という年は、六月に北京で天安門事件(民主化を訴えたデモ隊への武力弾圧事件)が起こった年で、ソ連は当時ゴルバチョフのペレストロイカ（政治体制の改革運動）を推進していた。ソ連のペレストロイカによりモンゴルへの経済および軍事援助が削減され、モンゴル自身が経済的に自立して他の国との貿易を始めざるをえなかった時期であった。

また、私の帰国した一一月末には知識人や学生を中心とした反体制勢力のモンゴル民主連盟による民主化運動が広がり、翌年の二月にはモンゴル人民革命党の一党独裁体制が崩壊し、モンゴル人民共和国はモンゴル国へと変った。このように、私がはじめてモンゴルを訪問した時期は、モンゴルにとって政治的に激変の時期にあたっていた。

この時のモンゴル訪問の目的は、モンゴル側からの要請で日本の博物館でどれくらい恐竜など化石標本を所有していて、それらの価格などを中心に、日本とモンゴルの恐竜化石標本や恐竜研究などの現状についての情報交換が主体だった。ウランバートルに滞在したのは一週間で、その間ほとんどモンゴル政府の方々との会議や博物館などの見学を行った。

その会議には科学アカデミーの所長でもあり、モンゴルでの恐竜化石の第一人者であるバルスボルド博士も出席されていた。この会議の終盤で私は、私の所属する東海大学社会教育センター（注1）とモンゴル科学アカデミーとの学術交流を踏まえた、標本の交換や恐竜化石の長期借与を提案し、恐竜化石の共同発掘調査の可能性についても話し合った。

## 共同発掘の夢

モンゴルのゴビ砂漠は世界最大の恐竜化石産地のひとつで、そこからは今でも多くの恐竜化石が発見されている。しかし、モンゴル科学アカデミーではそのころから、研究費や自動車、研究設備、資材、人員などが不足していて、発掘や研究がままならなかった。それとは反対に、そのころ日本はバブル経済の絶頂期であり、恐竜ブームが起こりつつあり、また恐竜化石やその生息環境を研究対象とする若い研究者も育ちつつあった。

私の勤める東海大学社会教育センターには、海洋科学博物館、人体科学博物館、それに自然史博物館という三つの博物館があった（注2）。そのうちの自然史博物館には、モンゴルのゴビ砂漠からソ連科学アカデミーによって発掘された恐竜化石のレプリカ（実物大の複製）標本が展示されていた。これらにはタルボサウルスやプロトケラトプス、サウロロフス、プロバクトロサウルスなどがある（図1）ものの、それらの化石や発掘された地層についての文献資料が十分でなかった。

この機会に自然史博物館に展示してある恐竜のふるさとゴビ砂漠に恐竜発掘調査を行い、モンゴル科学アカデミーとの学術交流を進めて、その成果を博物館の展示や研究活動に生かしたいと、私は考えた。

しかし、この旅の後に私は、モンゴル科学アカデミーとの恐竜化石の共同発掘調査とその成果の展示会『ゴビ砂漠の恐竜展』を社会教育センター内で提案したが、結局、私の考えていた調査も展示会も実現できなかった。

## トゥメンバイヤーとの出会い

最初のモンゴル訪問からほぼ三年後、モンゴルのことなど忘れかけた一九九二年九月に、松前国際友好財団の留学生たちが、東海大学社会教育センターを見学に訪れた。松前国際友好財団は毎年二〇

図1　東海大学自然史博物館の恐竜ホールのタルボサウルスとプロバクトロサウルス（2002 年撮影　写真提供：東海大学自然史博物館）．

名近くの外国人研究者に、日本への短期留学の機会を与える活動を行っている。その年の留学生の中に、たまたまモンゴル科学アカデミーの地質学者が含まれていた。彼の名はトゥメンバイヤーといって、松前国際友好財団の援助で、翌年の二月まで東京大学に留学することが決まっていた。

私がかねがねモンゴルに興味をもっていることを知っていた海洋学部の佐藤　武助教授が、この年の財団の留学生にモンゴルの地質学者がいることを、私に知らせてくれた。私は、センターの博物館の中を留学生たちと引率の財団の方々を案内しながら、トゥメンバイヤーとも気軽にお互いあまり上手ではない英語でいろいろなことを話すことができた。

この年の一一月末に、私はトゥメンバイヤーを清水に招待して、海洋学部でモンゴルの地質についての特別講義をしてもらった。彼とはそれから東京で何度か会い、友情を深めあった。トゥメンバイヤーは私に、モンゴルに来ることを強くさそってくれた。モンゴルでは、彼がゴビの地質や恐竜化石の産出地を案内してくれると言う。私にとってその話は、とても興味深いものだったが、彼はゴビを廻るためには最低一か月はかかるという。

私は、

「日本では一か月休暇をとることは不可能だ」

と、答えた。そして、次の年の二月、彼は帰国した。

彼の帰国した年の秋になって、私は社会教育センターの企画広報課のメンバーと協力して、『九〇〇〇匹の恐竜たち』という子供たちの描いた恐竜の塗り絵の展示会の準備を、自然史博物館で行った。この審査委員として来られたヒサクニヒコ氏が社会教育センターの松前　仰所長に、彼が夏に行った中国内モンゴルの恐竜化石の発掘地の話をされた。その時同席した私は、トゥメンバイヤーと話したゴビでの恐竜化石調査の可能性について所長にお話した。所長は、その話にたいへん興味をもたれた。そこで私は後日、「モンゴルの恐竜化石資料調査」という企画案を作成して提出した。その企画案はセンター内で承認され、来年度の海外出張の予算項目に追加された。

## モンゴルという国

モンゴルというと、多くの日本人は「チンギスハーン」や「モンゴル相撲」、「遊牧民」などを思い浮かべるに違いない。このアジア大陸の高原の国、私たちモンゴロイドの故郷の国は、日本とは距離的には近いにもかかわらず、最近まできわめて遠い国のひとつだった。

モンゴル国、一九八九年まではモンゴル人民共和国は、中国とロシアにはさまれた国（図2）で、海抜一〇〇〇メートル以上のモンゴル高原にあり、国の広さは日本の国土の四倍強である。しかし、人口は二三一万人（一九九二年国連統計より）と、私の住んでいる静岡県の人口よりも少なく、そのうち六〇万人は首都のウランバートルに住んでいる（注3）。

産業は牛や馬、羊などの放牧と、その肉や革、羊毛の加工、特にカシミヤなどの繊維製品の生産、それに銅精鉱などの鉱物資源の生産といったものが主体である。歴史的には、清朝の間接支配、清朝崩壊後にロシア革命の影響を受けたチョイバルサンらの革命、のちの中ソ対立の政治的影響を強く受けて、最近までほとんど西側先進国との交流のなかった国である。社会主義体制当時は、ソ連から年間約九億ドルの援助を受けていて、これはモンゴルの国民総生産のほぼ半分にあたっていたそうである。

　現在では表面的には政治的混乱はないものの、経済の自由化のなか、中国人の流入（いわゆる定住性のないカツギ屋の増加）や物資の不足、インフレーションなど経済的混乱が続いている。モンゴルは鉱物資源が豊富と言われているが、中国とロシアにサンドイッチのようにはさまれた内陸の国で、さらに道路・鉄道・電話などのアクセス手段が国内に整備されていないため、交易や情報の搬入・搬出の経路および手段が限られている。このことはこの国の鉱物資源開発や交易面で致命的な弱点となっている。

## ゴビは月のようなところ

　モンゴルの恐竜化石調査の日程は、博物館のサマースクールなどの行事の終わる夏休みあけの、九月はじめからほぼ

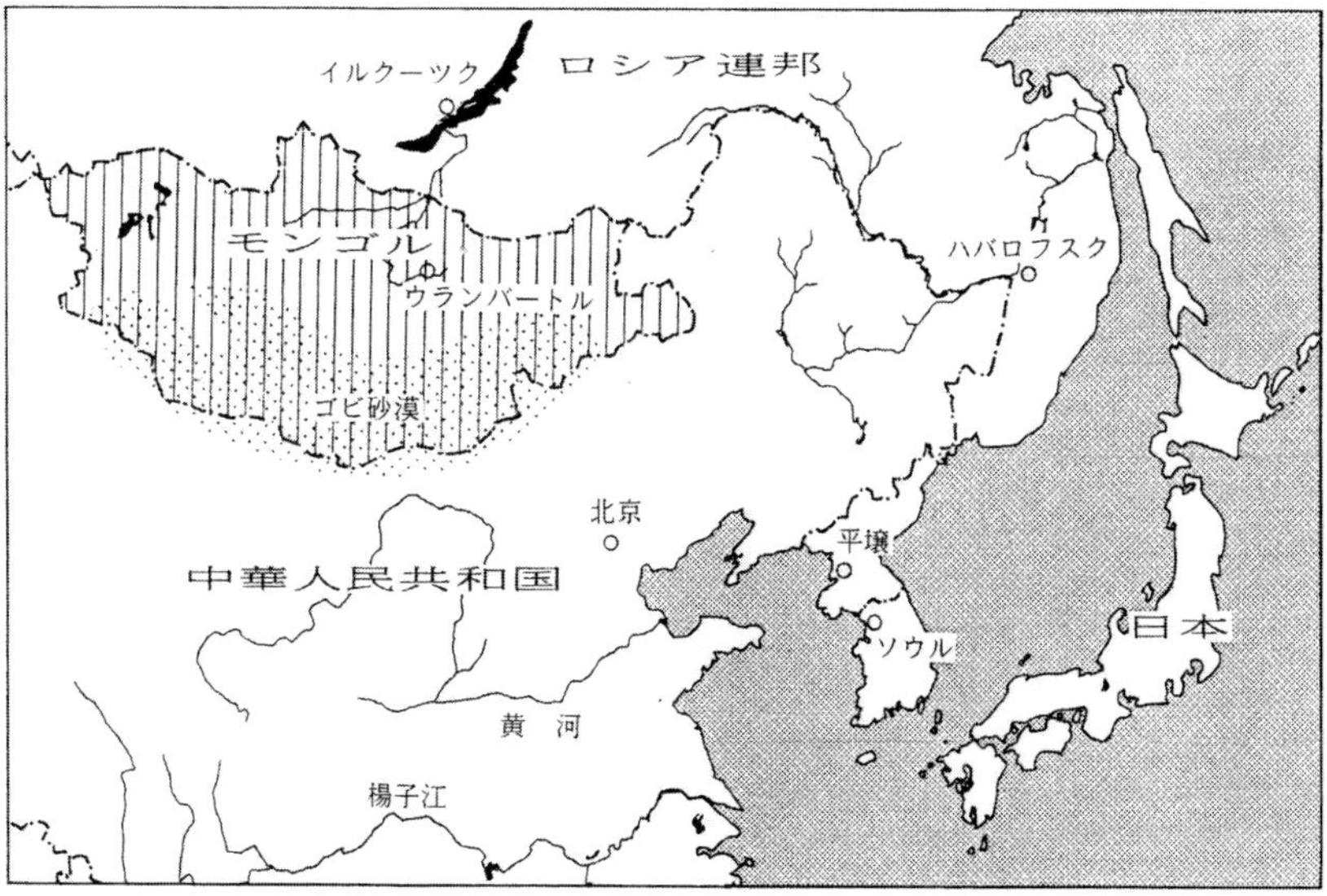


図 2　モンゴル国の位置．ロシアと中国にはさまれ，緯度は北海道より北にある．

一か月と設定した。この時期は、モンゴル側にとってもジープのレンタルや許可申請などに都合がよかった。ゴビに行って私の目的とする地域を廻って来るだけでも、最低三週間はかかると考えられた。それに、ウランバートルまでの行き帰りや前後での準備や片づけなど入れると、最低でも四週間は必要である。

トゥメンバイヤーとの連絡はファックスを使っていたので、すぐに連絡がとれてたいへん便利だった。ファックスは、特に外国との連絡に威力を発揮する。

六月にはスケジュールも具体的に決定し、調査期間は九月四日から二八日までの二五日間となった。九月のゴビはとてもいい季節だという情報がある一方、九月のゴビはもう冬であるという情報もあった。これらの情報を聞いて、少し不安だったが、私はすべてを彼に任せるしかないと腹をくくった。

トゥメンバイヤーはファックスの手紙で、

「ゴビは水もなく、太陽は照り、一〇〇から二〇〇キロメートル四方に誰もいない、ホテルもなく、レストランもなく、ガソリンと水は持って行くが、病院などもなく、まるで月のようなところだ」

と、書いて送ってきた。この手紙は、妻の不安を増進させるのにはとても効果的だった。

「君が妻を説得しなければ、私はモンゴルには行けそうもない」

と、私は彼に返事を送った。

私は、いろいろな人に脅かされて、水がなかった時のために救急用の携帯用浄水器を買いそろえ、一〇リットルの水のタンクを三つも購入した。モンゴルは物不足ということも聞いていたので、携帯用食料はもちろん、小型の工具や針金、電池、トイレットペーパーなど考えられるすべてのものを準備した。薬は薬局の薬だけでは信用できず、主治医に事情を話して下痢止めや解熱用の薬を特別にもらってきた。

八月中旬に、一辺が五〇センチメートルほどのダンボール箱三つに分けた準備品を日通の海外引越し便で、早々とモンゴルの彼のもとへ送り出した。八月下旬には私の担当する自然史博物館のサマースクールがあり、これが終わってようやく手荷物で持って行く物の本格的な準備にとりかかれた。彼とも細かな連絡をファックスでとり合い、準備品や携帯する現金、機材のチェックなどを忙しく行った。

妻もそのころにはあきらめて、いろいろと世話をやいてくれた。この時には、すでに三つのダンボール箱はもちろん、私の心もモンゴルに飛んでいた。

## ゴビ調査の目的

今回の調査の主な目的は、実際にゴビ地域に行って、恐竜のすんでいた中生代後期にそこに堆積した地層を観察し、その中にどのような状態で恐竜化石が埋まっているのかを調べることである。今回の調査では、実際の岩石や化石の標本を採取し日本に持ち帰るための許可をとっていないため、写真やビデオなどの映像資料や観察記録などの収集と、文献資料の収集が仕事の中心となる。

実際の標本はないけれど、これらの資料は表面的にも内面的にも博物館の展示の充実に生かされるに違いないと私は確信していた。また、モンゴルでの研究者や博物館関係者との交流は、今後のモンゴルとの交流に大きな力を発揮すると思われる。

今回の調査期間のうち、ゴビへの調査旅行は九月八日から二五日までの一八日間を予定していた。私は、今回の地質調査の目的として、ゴビの中生代後期以降、特にジュラ紀から白亜紀の模式的な地層をほぼ連続的に観察したいと、トゥメンバイヤーにお願いした。それは、恐竜化石の産地や産出する地層だけを調査するのではなく、中生代後期の地層全体を連続的に概観することにより、恐竜のすんでいたころのゴビ地域の環境とその変化を全体としてとらえたいと考えたからである。

この考えに彼も同意してくれた。ゴビ地域のジュラ紀から白亜紀にかけての地層については、彼の研究対象のひとつでもあり、それは彼が私にもっとも見せたいと思っているもののひとつだったからである。

（注1）東海大学社会教育センターは海洋科学博物館や自然史博物館などの施設を含む東海大学法人本部の直轄組織であったが、二〇一四年度に社会教育センターは廃止され、博物館は東海大学海洋学部博物館として海洋学部の組織に含められた。

（注2）三つの博物館のうち、人体科学博物館は二〇〇〇年度に閉館し、その建物に二〇〇二年一月に自然史博物館が移設した。

（注3）二〇一六年のモンゴル国家統計庁の発表では、人口は三一一万九九三五人。首都ウランバートルの人口は一三九万六二八八人と、この二四年間で倍以上になった。ちなみに、二〇一八年一月の静岡県の推定人口は、三六七万四七六人である。

# 第二章　再会

トーラ川の南のザイサン・トルゴイから見たウランバートルの町並.

## モンゴル航空の変身

日本からモンゴルへは、当時、直通の航空便はなく、北京かイルクーツク経由で行くしかなかった。夏とゴールデン・ウィークの期間には直通のチャーター便が名古屋などからあったが、九月のはじめに出発する私の場合、北京に寄ってウランバートルへ行くことにした。

北京空港の待合室には、待つ人も増えてきた。モンゴル人、中国人、インド人、ヨーロッパやアメリカ人、日本人などいろいろな国の人がいた。日本人の学生風のグループが二組いた。しばらくするとバスが来て、それに乗り込んだ。バスは満員状態である。

バスは空港ターミナルビルから遠く離れた駐機場の、モンゴル航空のジェット機の前で止まった。ボーイング七二七—二〇〇である。

五年前に北京空港から乗った飛行機は約四〇人乗りのソ連製のターボプロップで、ウランバートルまで三時間かかった。乗客は中国やモンゴル、ロシア人たちと我々三人を含め約二〇人程度で、スチワーデスもいなかったと記憶している。その飛行機も毎週月曜日に運航しているだけで、一度ウランバートルへ行ってしまうと、次の週の月曜日にならないと北京に帰れないという不便さだった。現在では、モンゴル航空と中国航空のジェット機がそれぞれ週三便ある。

タラップを昇ると、少し太めだがかわいいスチワーデスさんが出迎えてくれた。機内はほぼ満席で、これも五年前とは大きな違いだ。これがあのモンゴル航空かと、その変身ぶりに驚かされる。

モンゴル航空（ＭＩＡＴ）二二四便は、定刻の一四時三〇分になっても出発しなかった。ハッチが閉まらなくなったらしい。機内説明などが入っている私の座席前の袋にはなにも入っていない。やはり、これはモンゴル航空に違いない。北京空港の発着機の混雑もあって、ボーイング機は少し遅れて飛び発った。

## ゴビ上空

機体は北西に上がり、万里の長城の上を飛んで、モンゴル民族の地に入った。北東の大興安嶺からつづくこの山地は、モンゴル高原の前面を形成する。モンゴル高原は、一〇〇〇メートル以上の海抜高度をもつ高原で、南西でより高いチベット高原につづく(図3)。モンゴル高原には、南西部にアルタイ山脈、中西部にハンガイ山脈、北東部にヘンテイ山脈があり、北西部ほど海抜高度は高い。ちなみに、ウランバートルの標高は一三

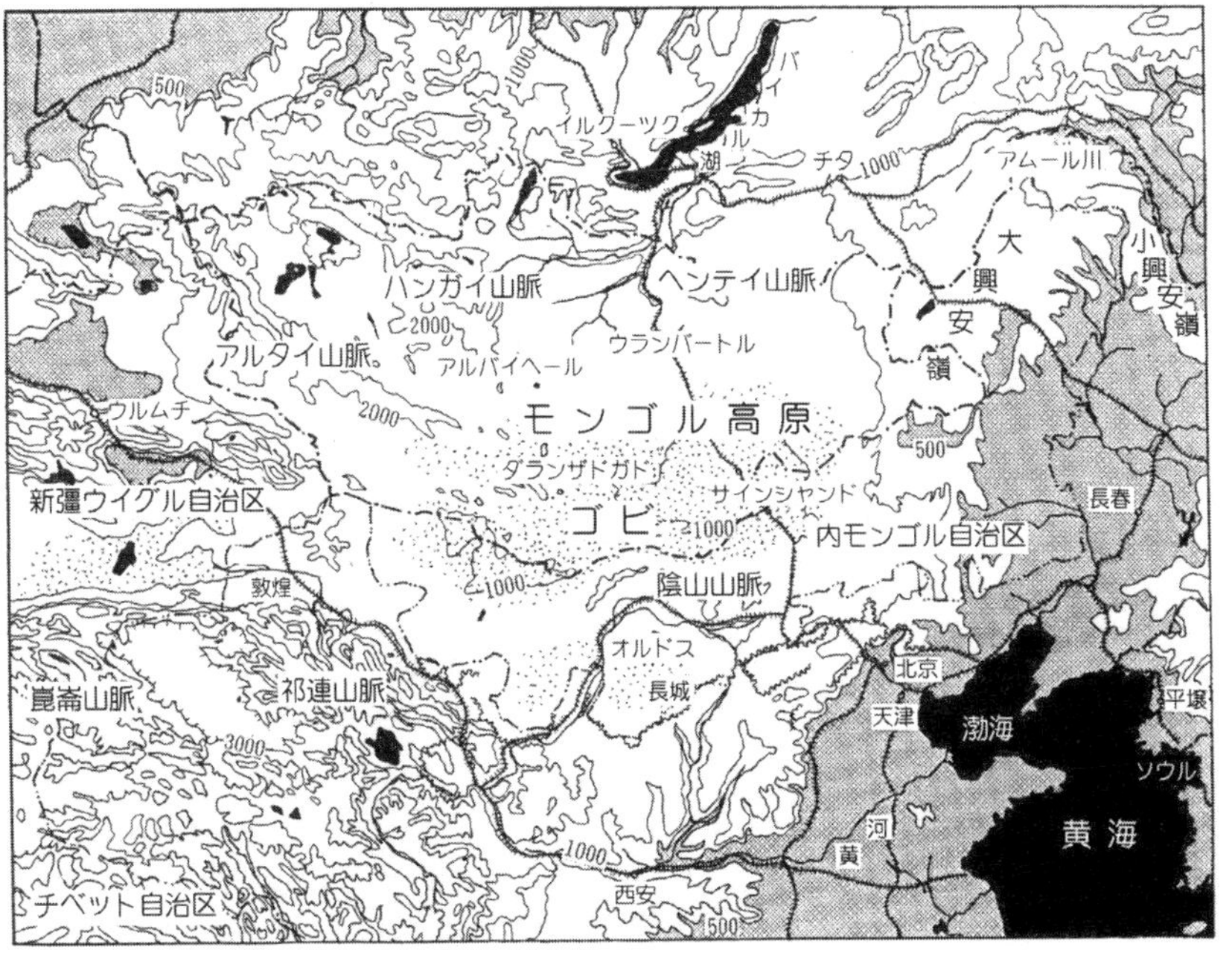


図3　モンゴルの地形．北にヘンテイ山脈，西にハンガイ山脈，アルタイ山脈があり，中央南部にゴビがある．

図4　モンゴル高原に風の通り道のような幅をもった砂丘帯を見る.

二六メートルである。
　五年前のターボプロップとは違い、今回はスピードも早く、飛行高度も高いので、気がつくとすでにモンゴル高原の上に出ていた。内モンゴル自治区にあたるこの地域にはまだ、耕作地や道路、集落などが見られる。しかし、外モンゴル、すなわちモンゴル国に入ると人工的なものを地上に発見することがほとんどできなくなる。ゴビ砂漠である。
　砂漠である。下には大規模なサンド・デューン（砂丘）がいくつも見られる。まるで、風の通り道のように幅広く北東に向かって大地を横断する砂丘帯がある（図4）。そして、何もない大地がつづく。
　眼下に小さな白い雲が浮いているところにさしかかった。小さな白い雲のかたまりは、まるで羊の群れのように軽やかに空に浮かび、その影は乾燥したモノトーンの大地に小さな黒い斑点となってコントラストをつけている。

乾燥した大地の上になぜこんな白い雲が湧き上るのだろうか。機はゆっくりと北北西に向かって進んでいく。

茶色の大地に赤い土の露出が見える。ゴビ地域の平原には、中生代後期（今から約二億年前）以降にできた広い盆地がいくつもあり、そこには砂や泥がたまっている。そしてそこには断層運動などによって、ところどころ崖ができ、盆地にたまった砂や泥の地層が露出している場所がある。特に白亜紀後期（今から約一億年から六六〇〇万年前）の地層には赤色の砂岩層がある。おそらく下に見える赤い大地は白亜紀後期の地層だろう。

地層が褶曲しているようすの見える山地が見えてきた。この下に見える大地を、一週間後に車で走り回っている自分を想像しながら、私は窓に寄ってカメラのシャッターを切った。

## トゥメンバイヤーとの再会

機体はウランバートルに近づき、旋回をはじめた。ウランバートルのある東西にのびる盆地には緑の草原がひろがり、西に流れるトーラ川が見える。

草原の中の都市、ウランバートル。革命以前はフレー、中国人は庫倫（クーロン）と呼び、ロシア人はウルガと呼んだモンゴル民族の首都は、革命後に「赤い英雄」という名に変った。

一七時一五分、ボーイング機は草原の中の飛行場、ウランバートル空港に着陸した。離陸から着陸までほぼ二時間の旅だった。眼下の地形は、地質屋にとってはたいへん興味深いもので、モンゴル航空の最大のサービスだった。

空港でトランクを受けとり、出口に向かうと、トゥメンバイヤーが自動ドアをあけて駆け寄って来た。

「シバサン！」

彼はそう言うと、私のトランクを押して空港ビルの外へ案内した。彼との再会である。彼との約束をこんなに早くはたせるとは、私自身思ってもいなかった。彼と東京で会った日々が思い出された。

彼の用意してくれたロシア製の赤いジープで、ウランバートル市内に向かう。五年前に来たときは、空港付近は日が暮れてまっ暗だったが、今日はまだ明るくて緑の草原が楽しめた。

「緑がきれいだ」

と、私が言うと、彼は、

「六月は花も咲いていて、緑も濃くて最高にきれいだよ」

と、言って、六月に来ることをすすめてくれた。

草原には羊や牛、それに人もいて、ウランバートルに着いたという実感が湧いてきた。門を二つくぐり、セルベ川にかかる橋を渡り、バヤンゴルホテルの前をとおり、劇場、そして左折して平和大通り、デパートの前を左折して、国立サーカスの通りに入って、すぐ右折した。

彼のアパートに着いた。ドアが開いて、彼の妻のトグラックさんとその妹のナラさんが迎えてくれた。彼と今後の予定を打ち合せた後、ウェルカム・パーティーとなった。

トゥメンバイヤーは、お客をもてなす銀盃にアルヒ（モンゴルのウォッカ）をなみなみと注ぎ、私に差し出した。そして、私は、モンゴルの慣習どおり、右手の薬指でアルヒを天と地に振りかけてから、銀盃をいっきに飲み干した。

## 時間の存在しない国

六日の朝は、飲み過ぎのための頭痛とともにやってきた。朝食をとり、やはり頭痛をかかえるトゥメンバイヤーとともに、今日のスケジュールを始めた。昨晩のチンギスハーンというきついウォッカがきいている。

「やはりチンギスハーンは危険だ」

などと、冗談を言いながら、我々はモノマップ社に向かった。

モノマップ社は、スフバートル広場に面する西側の建物の中にあり、サンダール博士の経営する探検旅行などをセットする会社である。今回のゴビ調査は、この会社からジープを二台と運転手一名、助手一名、それに食料やガソリンなどの供給を受ける。我々が昨日から使っている赤のジープ、ＮＩＶＡ一六〇〇もモノマップ社から借りている車で、この小さな車で私はゴビに出かけることになる。

サンダール氏に、私は今回の調査経費をドルで支払い、調査の目的やコースなどを検討した。私は彼に東海大学のヤッケをおみやげとして渡すと、お返しにモンゴルの大地図帳をプレゼントしてくれた。この地図帳は、今回の調査で私がもっとも欲しかったもののひとつで、モンゴルの地形や地質、気候、産業、歴史などの地図がたくさん収められている。

モノマップ社を出たあと、我々は旅券事務所に向かった。外国人がウランバートルを出て旅行する場合、外事警察署で旅行者登録と旅行許可申請することが義務づけられているからである。

ここではどこかの国のお役所と同じく、我々はたらい回しにされ、長い時間待たされた。

「モンゴルでは時間は重要ではなく、モンゴル人は空間を大切にする」

と、トゥメンバイヤーが昨晩話していたが、どうもここにも時間はないようだ。

彼が私のことを気にしていたので、

「私は最初からモンゴルには時間がないと思っているさ」

と、言って、のんびりしていた。

旅行者登録は無事終わり、旅行許可申請でようやく署長にサインをもらうところまできた。署長室に上がって行ったが、署長が留守でなんともならない。少し待ったが、昼になったので午後に出直すことにした。

モンゴルの時刻は、春分から秋分までの間はサマータイムのため日本との時差はない（注4）。しかし、そのためにモンゴルでは日の出が午前七時から八時で、日没は午後八時から十時と、日本の朝晩の明るさの感じからするとおよそ二～三時間のずれがある。

## 化石の謎

午後からは、古生物学研究所を訪問した。ここは、もとの中央博物館、現在の自然博物館（図5）の裏手にある。数日前にゴビから帰ってきた林原の石垣さんに会うためである。モンゴル―林原恐竜発掘調査の今年の成果や南ゴビでの恐竜化石産地について、私は彼にいろいろと聞きたかった。

図5　モンゴル自然博物館.

林原は岡山市にある株式会社である。私たちの世代だと「林原」というより、「カバヤ」という方が聞き知った人が多いかもしれない。林原は、「カバヤのキャンディー」の製造元でもあるが、バイオテクノロジーを用いて食品だけでなく薬品の製造など多くの分野に進出している企業である。この林原は、メセナ（企業の利益を社会に還元する）事業の一環として、新たな博物館と美術館を岡山駅前の約四ヘクタールの社有地に建設する計画をもっていた（注5）。

博物館は自然科学博物館で、恐竜の実物化石が展示の中心となる予定である。この林原が、一九九三度から数年計画でモンゴル科学アカデミーと共同で恐竜化石の発掘を行っている。この共同発掘の計画は、一九八九年に私がモンゴルに行った直後に林原の関係者がモンゴルを訪れた時に、モンゴル科学アカデミーの方から提案されたそうである。私の提案は東海大学では実らなかったが、林原とモンゴル科学アカデミーを結びつけるのに役だったのかもしれない。

林原の恐竜発掘調査は今年で二年目になり、今年は六月から二回に分けて東ゴビと南ゴビに発掘調査を行っていた。

平屋のバラック校舎のような古生物学研究所の前庭には、軍用トラックが三台とパジェロが三台、コンテナが四台置いてあった。そして、七〜八人の人が軍用トラックの上やコンテナの中に入って資材の整理をしていた。石垣さんには、私が前庭に入るとすぐに会うことができた。彼は、油と土で汚れたズボンをはいて、浅黒い顔には長旅の疲れがまだ残っていた。彼は資材のあと片づけの手を止めて、日本から来た友人を温かく迎えてくれた。

彼から彼らの調査の概要を聞いた。ゴビでは何回かの砂嵐にあったこと。そのうち最大のものは帰還直前の嵐で、それでテントが飛ばされたこと。恐竜化石の発掘では、いくつかの満足いく成果があったこと。また、彼らは調査の途中、哺乳類化石を目的とするアメリカ隊に出会ったこと。他にも、小規模だがドイツ隊とロシア隊がこの夏、ゴビを調査していたこと。南ゴビではガソリンがなく、その補給に何日も費やしたこと。

私は、彼にゴビの恐竜化石産出層の層序（地層の積み重なり方）と、なぜゴビで発見される化石の中に全身骨格がほぼ完全に残っているものがあるのかを尋ねた。たとえば、ここの古生物博物館で展示してあるプロトケラトプスの死んだままの姿の化石や、プロトケラトプスとヴェロキラプトルが絡み合ったままの姿でいる化石など、どのようにして化石になったのか私には疑問でならなかった。

動物が死んでもすべてのものが化石にはならない。化石になるためには、骨が腐って風化したり侵食されたりする前に砂や泥に覆われて、保存されなければならない。特に大型動物の骨格は、川や土石流などで流され埋積することによって、保存されて化石として残る場合が多い。しかしその場合、動物の骨は死んだ場所から移動するため、死んだそのままの状態で残されることは少ない。

彼は、全身骨格が完全な形で残っているのは、砂漠の砂の地層に埋まった化石だからだろうと答えた。彼らが今年の調査で遭遇した砂嵐のように、風で運ばれた砂がたまった地層であれば、動物はそのまま生き埋めとなり、ほとんど移動することなく、その場所で保存されて化石となることができる。完全な全身骨格が発見されるのは、ジョドフタ層（バヤンザク層）とよばれる地層に多く、この地層の一部には砂丘のような風でたまった砂岩層があるという。そして、その砂岩層からはほぼ完全な全身骨格が発見されている。

ジョドフタ層の恐竜化石産地として代表的な場所は、アメリカ隊が初めてプロトケラトプスを発見したバヤンザクであり、今回彼らがプロトケラトプスの幼体を多数発見したツグリキンシレだと言う。特にツグリキンシレは、現在でも恐竜化石の産出が期待できるところだと言う。

ゴビではなぜ恐竜の化石がたくさん発見されるのだろうか。また、恐竜化石の中には完全な姿で残っているものや、赤ちゃんや卵の化石も多い。普通では化石としては保存されにくいこれらのものが、なぜゴビでは化石として発見されるのだろうか。私は今回の調査で、実際に化石が埋まっている地層を見ることによって、この謎に挑戦してみたいと考えていた。

## 次の世代への期待

私たちが話している間、前庭や研究室の中で何人もの人が資材の整理をしていた。古生物博物館の主任であるツォクトバートルも現れて、忙しく働いていた。彼は、五年前に会ったときの童顔な青年という印象にくらべると恰幅がよくなり、ゴビの恐竜化石研究の若手第一人者という自信も感じられた。

私は、今回の調査のうち、南ゴビの恐竜化石産地の案内を彼に頼んでいたのだが、ヨーロッパでの展示会の準備などがあるということで彼に断わられてしまった。彼は、おそらくゴビでの長い調査で疲れてしまったことと、林原との関係から私を案内することは難しかったのかもしれない。

古生物学研究所といっても、彼らのいる部屋と化石の処理や保管をするための部屋があるだけである。会談のあと、倉庫のような化石処理室を案内してもらった。中には恐竜の骨や卵の化石が足の踏み場もないほどに置いてあった。数日前に天井のモルタルが落ちたといって、化石の上にその残骸が残っていた。

調査隊では発掘した標本を分担して、記載や種類の同定ができるように砂をとる作業（プレパレーション）を行っている。しかし、モンゴル側の設備や研究条件が相当悪く、なかなか思うようにはかどらないらしい。設備の整った日本の研究室でプレパレーションを行いたくても、標本の海外持ち出しが厳しく規制されているらしい。

古生物学研究所をあとにして、もう一度外事警察署に行った。今度は署長がいて面会を許された。トゥメンバイヤーは、ひとりで署長室に入って行き、許可の申請をした。何分かたって室から出てきた彼の顔は憮然としていた。許可には公然とワイロを要求されるという。許可書がなければ今回の計画は遂行できないので、彼らの要求をのむしかなかった。

モンゴル工芸大学のミンジン教授との待ち合わせの時間はもうとっくに過ぎていた。そこで我々は、すぐに工芸大学に向かうことにした。共産党時代からつづいた官僚主義の弊害である。一部民主化や外国に門戸は開かれたが、昔からの悪弊は継続している。

「この国の悪いところを正すのは、我々の次の世代に望むしかない」

と、彼は強い口調で言いながら、ハンドルをきった。

## 我々調査隊の編成

モンゴル工芸大学の玄関を入ると、受付の電話のところにミンジン教授がいた。我々があまり遅いので、電話をかけていたらしかった。さっそく二階の彼の研究室に行って話を始めた。ミンジンは、背が高くがっしりしていて、浅黒い顔の五〇才すぎの気のいい感じの人だった。体に似合わない、か細く優しい声で、慣れない英語で私に話しかけてくれた。彼の専門は古生代（約五億四一〇〇万年から二億五〇〇〇万年前）のサンゴ化石であるが、モンゴル全体の地層や化石のデータを多く持っているらしかった。

私は、北西太平洋にある今は深海に沈んだ白亜紀のサンゴ礁についての私の研究を彼に紹介した。彼は、白亜紀のサンゴやサンゴ礁の化石について興味を示した。

トゥメンバイヤーは、ミンジンを南ゴビの恐竜化石産出地の案内に誘った。ちょうど彼も明日からゴビに地質調査に出かけるところだったので、予定を我々に合わせて、南ゴビのダランザドガドで落ち合うことにした。しかし、トラック一台で南ゴビの調査に出かける地質学者と、二台のジープで東ゴビから南ゴビを横断する地質学者が、同じ日に南ゴビの同じ町で落ち合える可能性がどれくらいのものか、我々は知らないわけではなかった。今できることは、それを約束して最大の努力をするしかなかった。

七日の朝に、いっしょに行くドライバーが軍用ジープで打ち合せに来た。彼はウッジードーといい、髪をスポーツ刈りにした硬派な感じの青年である。青年といっても、あとで年を聞いたら三五才で、幼稚園にかよう娘さんもいるらしい。彼は優秀なドライバーらしく、トグラックさんの話によると、彼は一日に五〇〇キロメートルもゴビを走破できるという。

我々調査隊の編成は、二台の車と私を含めて四人である。車もロシア製の軍用ジープと赤いニバである。軍用ジープにはガソリンと食料を積み、運転手のウッジードーと賄いのサンペルガバが乗る。サンペルガバは五〇才くらいの女性で、アカデミーの図書館の司書をしている人で、これまでも恐竜化石調査には賄いとして何度か参加しているという。赤いニバにはトゥメンバイヤーと私が乗り、キャンプ用品や私の調査道具などを積んだ。一台の車が悪路でスタックすれば他の車が助け、どちらか一台が故障すれば他の車で最終的には帰還するという手はずである。

日本で運転手つきで、さらに賄いつきの旅などというと、大名旅行のように思う人がいるかもしれないが、モンゴルではこれがもっともシンプルな調査旅行のスタイルなのである。厳しい自然の中で調査の目的を遂行するためには、それぞれの仕事分担がはっきりと決まっている。

この編成は、林原の軍用トラック三台にパジェロ三台の大部隊とくらべると、なんと小規模な編成だろうか。林原のような大部隊になると、それだけ資材や食料の量も増え、それを運ぶトラックも必要となる。トラックが増えるとそれだけ人もガソリンも必要となる。ガソリンスタンドもなく、ガソリンの補給の困難な南ゴビではガソリンを運ぶためのもう一台のトラックが必要になる。

このように、部隊が大きくなればなるほど、動きにくく費用のかかる編成となる。南ゴビではガソリンがなくなると、補給のめどがつかず、大部隊はそのまま動けなくなる可能性もあるのである。

近くのドル・ショップで買物をしたあと、午前中に自然博物館の中の古生物博物館のツォクトバートルに会いに行った。

彼には、南ゴビの化石産地の詳細な位置を、トゥメンバイヤーの用意した一〇〇万分の一の地図（軍用に作成された極秘扱いの地図）にプロットしてもらい、我々の調査のコースについて検討した。

今年は南ゴビでは降雨が多く、特にタルボサウルスやサウロロフスなど大型恐竜の化石産地として知られるネメグト盆地は洪水があり、今そこに車で入り込むのは危険らしい。最初は英語で説明していた彼らも、いつのまにか地図を囲んでモンゴル語で話し始めた。

## ザハ

ウランバートル・ホテルで昼食をとり、トゥメンバイヤーのアパートに戻り、モンゴル地質調査所のＪＩＣＡプロジェクト事務所に電話をした。ここには、昨日から電話やファックスをかけているがまったく通じない。このＪＩＣＡプロジェクト事務所には、地質調査所の標本館におられた坂巻幸雄さんが来られている。そこで、私は坂巻さんにお会いしてモンゴル事情やゴビについての情報を得ようと思っていた。

平和大通りを西に一〇分ほど車で行くと、新しい町が造られている。副都心とでも言えるその一角に、地質調査所の建物がある。なんとか、ＪＩＣＡプロジェクトの室を探し当てることができて、中に入ると坂巻さんが不在だった。室にはモンゴル語の堪能な瓜本さんという若い日本人の女性がいて、坂巻さんは午後四時ごろ戻って来ると言う。しかたなく、いったん帰ることにした。

帰る途中、右手に空き地があり、そこには大勢の人だかりができていた。また、道を横切る人も多く、歩道を歩く人々もそこに向かっていた。ザハである。ザハは、物々交換の自由市場で、週に何回か開かれ、ここでは何でも売っているし、物を交換できる。人々はそれぞれに何かを抱えてザハに集まって来る。

一九八九年一一月に私がウランバートルを訪れたのは冬でもあり、まだ現在のような政治体制以前であったせいか、人々の活気をほとんど感じることができなかった。しかし、今回は寒い冬でもなく、一部ではあるが人々は物を自由に売買できる。人々は、我先へとザハへ急ぐ。この町は活気に満ち、人々の表情も明るい。人々を見るかぎり、この町は五年前とは別の町のようだった。

午後四時ごろに再び地質調査所に行ったが、やはり坂巻さんは戻っていなかった。三〇分ほど待っていると、二〜三人の人が血相をかえて室に入って来た。その中に坂巻さんもおられた。彼は私の顔を見て、いつもの優しい顔に戻られ、再会をお互いに喜びあった。

ちょうどその時は、彼らのプロジェクトの相手方だったモンゴル地質調査所が、突然、地質調査・分析・地質情報の三機関に分割されるという事態が発生した直後で、彼は私と話しをしているような暇はなかった。しかし、彼は私のためにお茶を一杯飲む時間を無理してつくって下さった。

電話が通じなかったのは、八月中旬にこの地区に洪水があり、この建物の電気系統が故障したためで、復旧にはまだ時間がかかるという。そういえば、この建物の一階ではなにやら大がかりな電気工事をやっていた。また、彼が行くことになっていたゴビでの金属鉱床調査は、今日のトラブルで中止せざるを得なくなり、私がこの町に戻って来る九月末にも彼はここにいるだろうと言う。たいへんな時におじゃましたので、九月末にゆっくりと再会することを約束してお別れした。

**馬頭琴**

地質調査所から戻り、トゥメンバイヤーのアパートで調査用品の準備をした。先に送っていた三箱のダンボールや持ってきたトランクから荷物を出して、必要なものを二つの箱にまとめなおした。テントも確認のためにセットしてみた。

明日出発ということで、トゥメンバイヤー夫妻が私を朝鮮料理のレストランにさそってくれた。青年文化会館の中にあるこの「レインボークラブ」というレストランは、バイキング方式で、料理にはノリマキやコンニャク、タクワンなどもあり、朝鮮のものといえば大根のキムチくらいだった。ノリマキのシンにハムが入っていたのには驚いたが、連日の酒宴の疲れとこれまでの料理の独特な油とハーブの臭いにまだ慣れていなかった私にとっては、このレストランでの食事はとても胃の休まるものだった。

このレストランは、体育館のような大きな室で、ステージでは男女六名によるモンゴル民謡が演奏されていた。壁には「カラオケ」と書かれた垂れ幕が下がっていたが、それらしき日本人の客はいなかった。馬頭琴のしらべは、胃と同様に私の心もなごませてくれた。モンゴル民謡にまじって「アリラン」や日本の歌謡曲も演奏された。私は、夫妻の温かい配慮に感謝した。

（注4）ウランバートルを含むモンゴル主要部と日本との時差は、中国と同じで一時間遅れであり、サマータイム制は二〇一七年に廃止された。

（注5）林原は二〇一一年に会社更生法を申請し、化学専門商社長瀬産業の完全子会社になり、二〇一二年三月二六日に会社更生計画は終結している。林原が進めた自然科学博物館は結局実現せず、その準備室で行った多くの研究と普及活動も停止した。しかし、その準備室で行った活動とモンゴル科学アカデミーとの共同発掘調査は、日本の恐竜研究や博物館活動としては画期的な事業だった。

# 第三章　ゴビまでの道

川には橋がなく、対岸の轍をたよりに川を渡る.

## 調査コース

我々はまず、東ゴビ（ドルノゴビ県）のサインシャンドに行き、その町の南に露出するジュラ紀（約二億年から一億四〇〇〇万年前）と白亜紀（一億四五〇〇万年から六六〇〇万年前）の代表的な地層を調査する。そして、そこから南ゴビの北側を横断するかたちで、南ゴビ（ウムヌゴビ県）のダランザドガドへ行く。一六日ごろダランザドガドでミンジン教授と合流し、その北西部に分布する主に白亜紀後期の恐竜化石が発見される地層を調査する。そして、そのまま北上して、古都カラコルムにあたるハラホリンを経て、ウランバートルへは二五日ごろ帰るという予定を立てた（図６）。

ゴビ西部のアルタンオールからネメグト盆地にかけての地域とゴビ南部の砂漠地帯は、地質学的にも恐竜化石の産地としてもより興味をひかれる場所である。しかし、東ゴビから南ゴビにかけて横断する我々の計画では、それらの場所を訪れる時間はほとんどなく、またガソリンの補給のめどもつかない。さらに、今年は南ゴビに洪水があり、タルボサウルスなど大型恐竜の産地であるネメゲト盆地に車で入ることには危険が予想された。

今回の目的は、まずゴビ地域全体の地質をおおまかに知ることと、ゴビでの調査そのものを体験し、次回につなげるためにあった。したがって、これらの地域へ行くことを今回はあきらめて、無理せず安全に調査を終えることを最優先に考えることにした。

## 出発

九月八日の朝は雨であけた。気温一六度、湿度四四パーセント、気圧八七〇ヘクトパスカルで下降傾向にある。朝食をとり、自宅と博物館に私の調査スケジュールをファックスで送る。一応サインシャンドとダランザドガドにはウランバートルから電話が通じているものの、不通の場合もしばしばあるらしい。ゴビのどこかの町から日本に直接電話することは最初から不可能と思っていた方がよい。

午前一一時ごろには雨もやみ、トゥメンバイヤーの二人の息子に手伝ってもらい、赤のニバに荷物を積み込んだ。外は寒い。ウランバートルは、北緯四八度にあり、海抜高度は約一三〇〇メートルと高い。そのため、九月初旬はすでに晩秋で、初雪の季節でもある。

私の荷物はなんと多いことか。昼食をとり、残りの荷物を積み込み、セット完了。午後一時に軍用ジープが来て、私はトランシーバーの使い方を彼らに説明し、いよいよ午後一時半に出発となった。

二台の車は、スモッグが薄くかかるウランバートルを出て、一路南東のナライハに向かった。道はまだ一応舗装されていて、右手には北西―南東方向の典型的な断層崖がつづく。崖がきれると、鉄道の線路が見え、駅があった。

露天掘りの炭鉱町であるナライハを右に見て、そのまま南東に進む。五年前に行ったテレルジという保養村は、ここで左折する。今回は、ゴビに向けて直進する。すでに舗装道路はなくなり、左に小高い山が見える草原の道を時速五〇キロぐらいで快走する。道はゆるい登りになり、やがて山にさしかかった。

これが道かと思うほどの悪路で、山の谷にできた車の轍をたよりに、四輪駆動で登って行く。私は、サインシャンドまでは鉄道もあるので、鉄道沿いの道路を通って行くのかと思っていた。

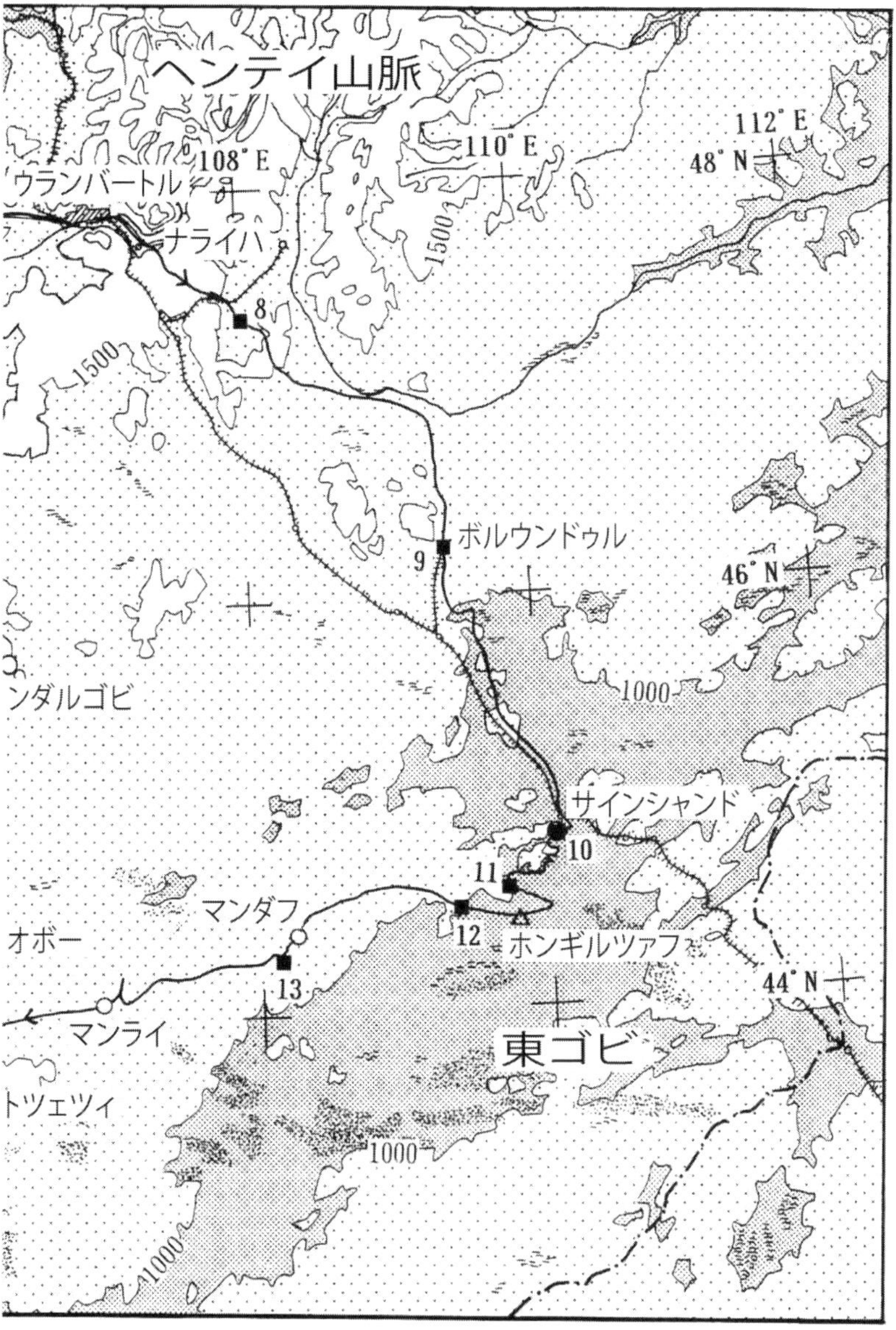


はキャンプした 9 月の日付. 等高線の高度は m. N は北緯, E は東経.

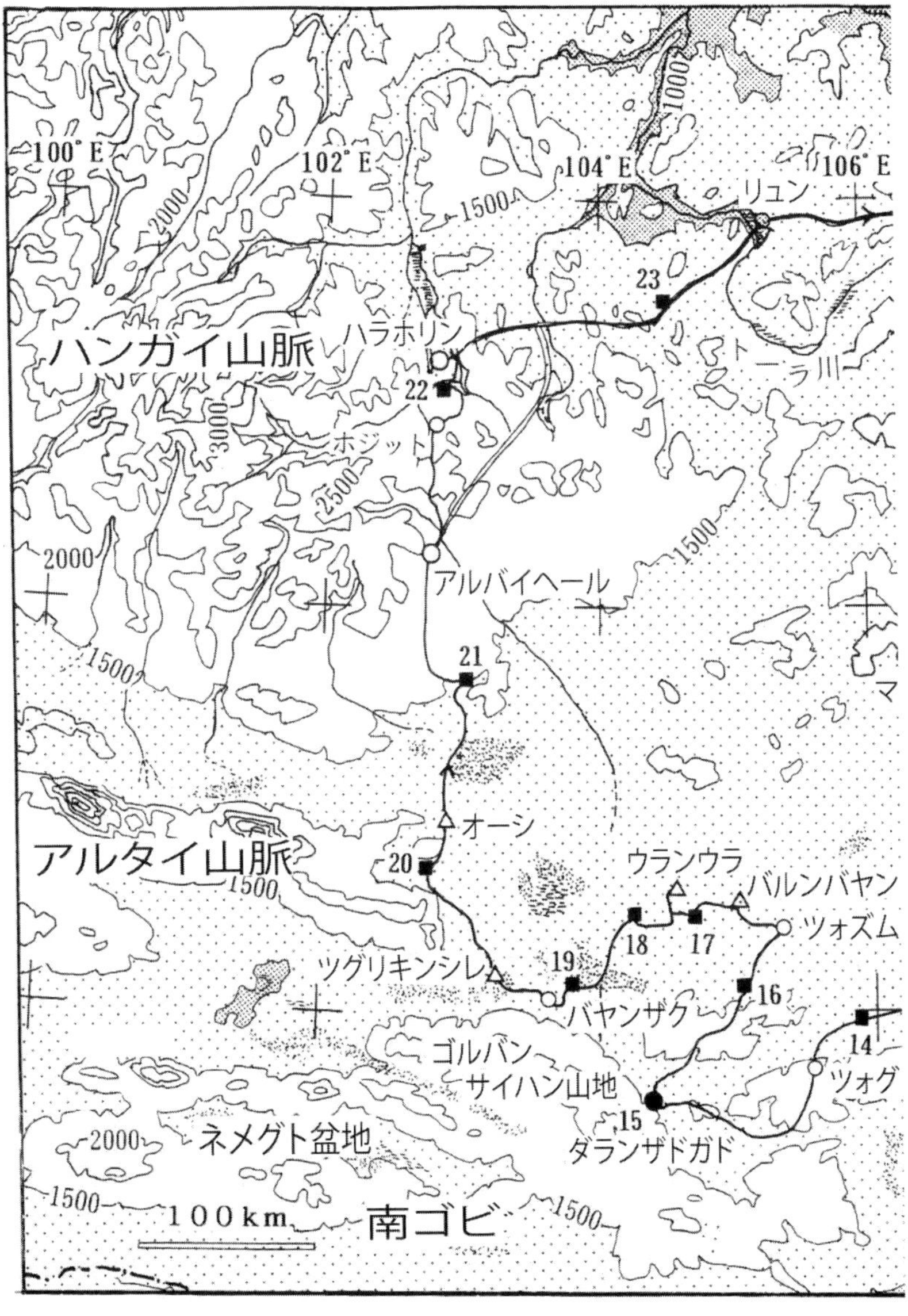


図6　太い実線は実際の調査ルートで，その上の■はキャンプ地で数字

しかし、鉄道沿いは多くの車が通るので、舗装されていないその道は、車の轍やぬかるみによって車が通れないほど傷んでいると言う。したがって、我々の選んだ道が安全で、なによりも早道だと言う。

しかし、私には、我々が今進んでいるこの峠のぬかるんだ道より危険な道が世の中にあるのだろうかと、思えるほどだった。

ウッジードーのジープは、何回も泥の悪路でスリップした。彼の車には五〇〇リットル以上ものガソリンが搭載されているため、悪路では動きがにぶい。峠の最後の登りでは轍も深く、降りはじめた雨もあってすべりやすかった。もし、車が轍にはまったら最後、動けなくなるのは必至だ。

やっとのことで、峠に出た。午後三時、峠にはオボー（図7）があり、我々はひと休みした。オボーは、山頂や道しるべとして石を積んで神に祭る塚で、いわゆる山頂

図7　峠にあったオボー．石や空きビンなどが積んであった．

によくあるケルンである。モンゴルでは山頂や道の脇にオボーがあり、そこを通る旅人はオボーに石を加えて、右廻りに三回廻って旅の安全を祈願する習わしである。

峠は風がとても強く、みぞれまじりの雨が降っていた。高度計を見ると補正していないので正確ではないが、一八〇〇メートルを示している。寒いはずだ。

## スタック

進路は南東方向で、峠からのゆっくりした草原の下りである。快適にとばす。しかし、途中で道がわからなくなり、ちょうどあったゲルで道を聞く。

ゲルは、中国ではパオというが、モンゴルの人たちの丸いテントのような住まいである。モンゴルの遊牧民は、この風通しのいい暖かくて移動に容易な住まいを好み、家を好まない。

草原には道というか、車の通った轍がいくつかあり、どの轍を通って行けばよいか時々わからなくなる。本当にこんなところを通って行って、サインシャンドに着くのだろうかと、私は不安に思った。

左側に山なみがつづく。三畳紀（約二億五〇〇〇万年から二億年前）からジュラ紀にできた花崗岩からなる山塊で、山地と盆地の境界に貫入したものらしく、金や希土類元素の鉱床も発見されているらしい。

午後四時半ごろ山地をぬけて、付近に川のある沼地のようなところにさしかかった。ウッジードーは、ジープから降りてぬかるみの中に通れるところを探していた。トゥメンバイヤーは車をゆっくりと進めた。

図8　ぬかるみでニバがスタック.

しかし、あっと言う間に、ぬかるみの中に右側前輪、すなわち私の座席側が深く沈んでしまった。バックに入れてもタイヤは泥の中から出てこない（図8）。

「I don't know！」

と、彼が叫んだ。

スタックである。こんなに早くスタックを体験するとは、私は思ってもいなかった。私はドアを開けてなんとか車の外に出ることができた。ウッジードーはワイヤーを持ってかけよって来た。そして、後方のジープと泥に埋まったニバをワイヤーでむすび、ジープでニバを引き上げた。

やれやれと、思う間もなく今度は川である。今度はウッジードーのジープが先に進み、なんとか川を渡りきった。しかし、川の土手でスリップしている。

やはり、ジープの後部に積んだガソリンが相当の重荷になっているようだ。しかし、さすが名ドライバー、なんとかそこをクリアーした。

我々も四輪駆動のギヤーを確認して、あとにつづいた。水の流れがきつい。ギヤーボックスの下に川の水が見える。エンジンが止まったら最後だ。二人とも無言のまま、車は川の中を船のように進んでいく。我々もなんとかクリアーした。

「もっと安全な道はないのか！」

と、私は心の中で叫んだ。

## 吹雪

やっとのことで川を越えると、今度は水たまりが少しあるものの、快適な草原の道がつづいた。そのうち、電信柱や鉄道の線路が見えてきた。左側に花崗岩の山地があり、その山地沿いに鉄道の線路と平行して走った。小さな村があったところで線路をくぐり、我々は広大な平たい盆地（デプレッション）の北東の縁に出た。

すでに、時間は午後六時である。暗雲が空を覆ってきて、うす暗くなってきた。そして、これまでのアドベンチャーに満ちた行程で、疲れと不安が私の体と心を急速に支配してきた。

馬の世話をしているゲルの人に道を尋ね、ぬかるみの多い道を南東に進んだ。小雨が降ってきた。今日はどこでキャンプをするのだろうか。外は風が強くて寒い。夕暮れが近づき、雨はみぞれにかわった。私の心配をよそに、車はなにもない盆地の中央部を進んでいく。

午後六時半、車は小さなバンガローのような小屋がいくつもある場所で止まった。ほかには何もない。ほかに泊まり客もいないように見える。風と雪はどんどん強くなる。

「今日は吹雪なので、ここに泊まろう」

と、トゥメンバイヤーが言った。

「テントでもかまわないよ」

と、私は見栄をはって言ってみた。幸いにも私の言葉は無視され、一軒の小屋を借りてここで泊まることになった。

吹雪から守られた小さな小屋で、温かい食事と一日の疲れをいやすビールの味は最高だった。電池ランタンの明るい輝きは一時、私の不安を消してくれた。

風の音は夜中も止まず、私は薄着で寝たせいか冬用のシュラフでも寒さを感じた。ゴビでは毎日こんな夜を、しかもテントですごすのかと思うと不安になった。夜中に腹痛がして、ロープでしっかりと戸締りをされたドアを開けて、外に出た。まっ暗で強風の中、適当な草むらを探してトイレをするのはみじめな感じがした。

不安の中で夜をすごしたが、太陽が昇ってくるころには次の日の期待を感じ始めていた。私は小屋から出て、カメラを持ってまわりを散策し始めた。ここには小さな塩湖がある。このバンガロー群は、日本の温泉のようにこの塩湖に水浴して療養する人のためにある施設らしい。今はシーズンオフなのか、ほとんど客はいない。

強風の中、午前七時半に太陽は塩湖の方向から昇ってきた。

多部族民族

簡単に朝食をすませ、車にガソリンを補充して、午前九時半に我々はここを出発した。湖がいくつか見え、すぐに深い川にさしかかった。ウッジードーが川岸で少し考えていたが、向こう岸に車の轍を見つけた。轍があるということは、最近に車が川を渡ったという証拠なので、その方向に進路をとって川を横切った。成功である。我々もつづいた。

ほどなく、古生代の花崗岩からなる低い山地に入り、安全な乾いた道になった。花崗岩の中に東西方向のアプライト（白色の深成岩）の貫入岩脈が見られた。よい天気になった。太陽に向かうように走るので、まぶしい。私はサングラスをかけた。

この付近はトゥメンバイヤーの故郷だそうだ。トゥメンバイヤー（図9）

図9　ニバとトゥメンバイヤー.

は、ブリヤート族の血をひくモンゴル人である。ブリヤート族は、もともとバイカル湖周辺からモンゴル北部に住む狩猟の民で、アイヌなどに比較的近い民族とも言われ、独自の言語をもっている。彼も彼の家族には理解できないブリヤート語を話せるらしい。

モンゴル民族は多部族が集合した民族で、現在のモンゴル国は一七の部族から構成されている。また、中国の内蒙古自治区や新疆ウイグル自治区、ロシアのバイカル周辺やカザフスタン地域はもともとそのようなモンゴル民族の地であり、現在でも多くのモンゴル民族が住んでいる。これらの地域は一七世紀以降に中国とロシアによって侵略され、モンゴル民族の領土を奪われてしまったところである。

さらに、モンゴル民族はモンゴル帝国のレリック（遺存民族）として、カスピ海沿岸やアフガニスタン、チベット高原、中国中央部や大興安嶺にも分布している。遊牧の民、チンギスハーンの末裔たちは、今ばらばらになっていろいろな国家の中に住んでいる。

## 草原の地質調査

古生代の花崗岩が風化して、丸い岩がごつごつ出ている山の近くにさしかかった。外は風が強い。そこを下ると小さな村があり、ガソリンと水の補給をしようと村に入った。しかし、どちらもかなわなかった。しかたなく、草原を東南東に快走する。

低い山地にさしかかり、道は洗濯板のように波うって、車は細かく振動する。北側には低い山なみがあり、その奥には雪をいただくヘンテイ山脈が見えた。

ちょうど坂を下るところで、穴から体を半分出したタルバガンを見た。タルバガン（図10）

図10　タルバガン．

は、体長五〇センチメートルくらいの大型のげっ歯類（リス科の仲間）で、深さ二メートルぐらいの穴を掘ってすんでいて、モンゴルの草原地域に多くみられる。穴から体を出す仕草はとてもかわいい。

ウッジードーのジープと別れ、我々のニバは道からはずれて山側に入った。そして、白い岩が点在する丘で止まった。ここは、トゥメンバイヤーがかって地質調査をしたところで、草原に点々と顔を出す白い石英の岩には蛍石鉱床がともなわれるという。地質調査といっても見渡すかぎり、点在する白い岩以外に岩石の露出はない。このようなところでどのようにして地質調査をするのだろうか。

彼によれば、地質調査は草の間に落ちている小石やタルバガンの穴をのぞいて、岩体の分布を推測するという。たしかに、今通ってきた道の付近に落ちていた花崗岩の赤っぽい小石と、ここらあたりの石英の白い石とでは色がまったく違う。落ちている石の分布を見ると直線的な境界が確認できた。さらに、その境界はゆるやかだがはっきりとした地形の起伏とも調和的である。

点在する白い石英の岩は、花崗岩体の中に直線状に貫入した岩脈にともなわれるもので、地形的にも高まりをつくっている。私は、露頭（露出した岩石や地層が見れる場所）のほとんどない草原の地質図がどのようにしてつくられていたかを理解した。

「タルバガンは地質学者のよきアシスタントさ」
と、彼は言った。

## 山地と平原盆地

ウッジードーたちは先に行って、ランチの用意をしていた。ランチには最高の場所が選ばれた。そこは山地の麓にあたり、東側に広大な平原が一望できた。平原の北側にある玄武岩の山地は雄々として、その手前の草原には数十頭の馬が放牧されていた。のんびりとした雰囲気の中で、空は青く白い雲もアクセントをつけていた。なんと美しいところだろう（口絵1）。

ランチは、中国製のカップラーメンにパンといった簡単なもので、食後の紅茶を飲みながらゆっくりと風景を楽しんだ。足元を見ると、我々がテーブルや椅子にしていた岩は玄武岩で、この付近一帯に露出している。ハンマーで岩石をとって見てみると、アルカリ（カリウムやナトリウム）の多い玄武岩の特徴がみられたので、アルカリ岩かどうかを彼に尋ねた。すると、

「モンゴルの玄武岩はすべてアルカリ岩だよ」

という答えが返ってきた。たしかに、ここは大陸なのでアルカリ岩の珍しい日本とは違い、わざわざ玄武岩をアルカリ玄武岩とことわる必要がないのだと、納得した。

ランチの場所は、モンゴルの中央部から南部にかけての地形と地質の特徴を見るのに、最適なところだった。モンゴル中央部から南部にかけての地域には、古生代や中生代前期の地層や岩体からなる山地の間に、中生代後期に砂や泥が厚くたまった広大なデプレッション（平原盆地）が発達している（図11）。そして、その境界には断層があり、それに沿って玄武岩など

平原盆地

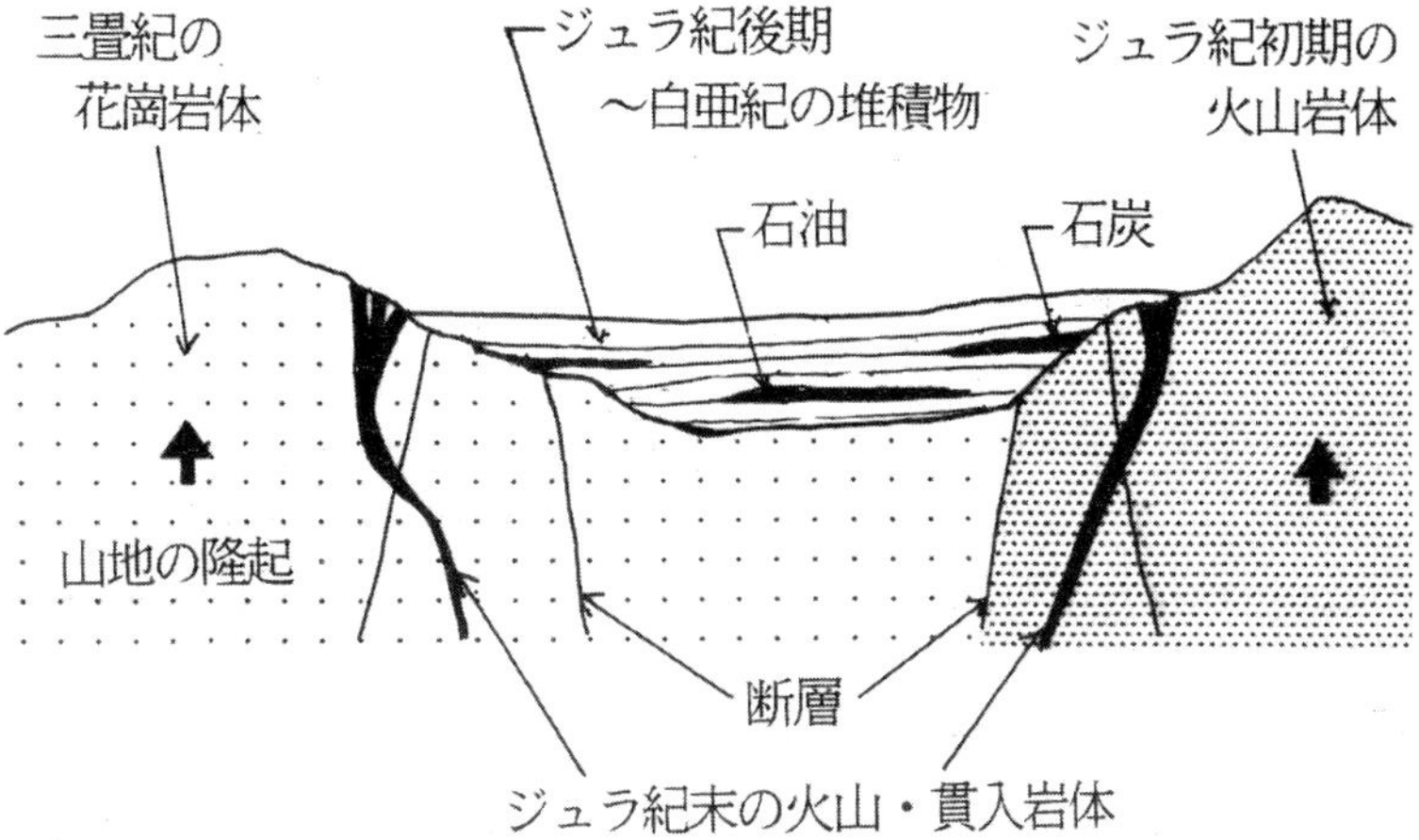


図 11　山地とデプレッションの模式的な地質断面．デプレッションに中生代後半の地層が埋積している．

の貫入岩脈が分布し、その岩脈には金や蛍石などの金属鉱床がともなわれる場合がある。我々は、これからこのような山地と平原盆地を何度も越えて、旅をして行くことになる。

休憩後、我々は玄武岩の露頭のある山地の麓から下り、平原盆地の中に車を進めていった。しばらく行くと、左側に湖があり、前方に朽ち果てた石油掘削井が現れた。四〇年以上前にソ連によって放棄されたものである。盆地部の地下にはジュラ紀から白亜紀の砂や泥が厚くたまっていて、その中には石油を貯留している層も含まれるらしい。

葦のはえるもうひとつの湖の北側を通る。このあたりは盆地部なのに、ぬかるみがあまりない。低い起伏のある道をやはり東南東の方向に進み、坂を下る。車が進む道の前方では、小さな野ネズミがあわてて穴に逃げ込む。キツネが道に飛び出してきて、車に追われて逃げ惑う。

盆地の東側の縁で、道ばたに緑の粘土が出ているところで車が止まった。それは盆地の堆積層の一部、白亜紀の緑色粘土岩層である。ここからは北側に大きな川が見える。

「これが最後の川です」

と、トゥメンバイヤーが言った。水の流れる川は見納めである。我々は、ここから南に進路を変え、ミドル・ゴビに入って行った。

## ミドル・ゴビ

西側に高い山地を見ながら少し登りぎみの草原を、揺られながら快走する。ひとつの村を通りすぎる。太陽が照りつけ、緑がまぶしい。草原には馬や牛、羊が放牧されている。車で走る地形には起伏はあるものの、川には水がなく、泥のぬかるみもほとんどない。車は土ぼこりを巻き上げて、草原を南へと走る。これがミドル・ゴビだ。

トゥメンバイヤーは、車のカセットでミドル・ゴビの音楽を聞かせてくれた。透き通るような声で、どこまでも届くような音楽である。彼は音楽にあわせて歌った。私は揺れる車窓から、ビデオでミドル・ゴビの風景を撮影した。ミドル・ゴビでは、これまで追いかけっこをしていた野ネズミやキツネ、タルバガンなどがまったく見られなくなった。

午後五時になり、今夜の泊まりが気になっていると、遠くに要塞のような奇妙な町の影が見えてきた。ボルウンドゥルである。

砂漠の中の要塞都市のようなこの町は、蛍石を採掘し精錬するための鉱山町だそうだ。要塞のような工場の中を通り、三階建てのアパート群の建ち並ぶ住宅地区に入った。そして、子供たちが遊んでいる遊び場で車は止まった。

ウッジードーとトゥメンバイヤーがそのアパートの一つに入って行った。遊んでいた子供たちはジープが珍しいのか、近くに寄ってきて窓ごしに私に話しかけたり、中をのぞき込んだりしている。言葉の通じない私は困りはてる。じきに彼らは戻って来て、

「ウッジードーの友人が留守で、この町のホテルのことがわからない。しかし、ここから七キロメートル先に昨日のようなロッジがあるので、蛍石鉱床を見学してから行くことにしょう」

とトゥメンバイヤーが言った。そして、彼と私で鉱床の採掘場へ向かった。

## 蛍石鉱床

鉄道の線路に平行しながら北に上がり、無許可で露天掘りの採掘場跡に侵入した。そこには南北方向で幅五〇メートル、長さが三〇〇メートル以上もあるトレンチ（掘削溝）があり、そのまわりにズリ（鉱石をとった残りの石）がところどころ山をなしていた。玄武岩の貫入岩脈にそって蛍石の鉱脈がくさび状にあるため、露天掘りした跡はこのような大きなトレンチができる。ズリの中には、紫のきれいな蛍石やまっ白な石英もあり、さっそくサンプルした。夕日がまぶしく、長い影ができていた。

蛍石鉱床は、山地と平原盆地の境界にある断層や岩脈のところに、それらの割れ目に沿って深部から熱水が何度も何度も上がってきて形成される。したがって、その中に取り込まれた火山岩は強度に変質して、まるで堆積岩のような見かけになっている。

モンゴルでは東部から南東部にかけて北東—南西方向の広い範囲で鉱床が発見されている。

これと関連のあるマグマの活動は、平原盆地の形成と密接に関連していて、平原盆地の形成の直前とはじめの時期にマグマの貫入や火山活動があったらしい。特にジュラ紀の終わりから白亜紀のはじめにかけては、ゴビ一帯に溶岩の噴出をともなう大規模な火山活動が認められる。

蛍石鉱石の生産では、モンゴルは中国、メキシコについで世界第三位である。これまではほとんどソ連に輸出され、ソ連の生産物とされていたようである。蛍石は、$CaF_2$からなり、おもにフッ素の原料や溶剤などとして重要な天然資源である。この町はソ連によって鉱山町として建設され、発電所や飛行場、鉄道もある。

## モンゴルと日本

町に戻ってみると、ウッジードーがホテルを見つけていて、今晩はホテルの室に泊まれると言う。さっそく自分の荷物をその室に運び、ひと安心した。時間は午後七時になっていた。駐車場が遠くになるというので、盗難を警戒して車の中の荷物をトゥメンバイヤーたちの室に全部移した。

平屋のこのホテルは二〇室くらいの小さな規模で、客もそれほど多くない。夕食は私の室でサンペルガバが自炊をしてくれて、簡単にすませた。そのあと、トゥメンバイヤーは彼の二人の友人、スチウリンとボロルマを私に紹介してくれた。彼らはたまたまこの町に仕事で来ていて、このホテルに泊まっていたらしい。

スチウリンはトゥメンバイヤーの子供のころからの友人で、大柄で優しそうな感じの人である。ボロルマは、細身のかわいらしい若い女性である。二人はこの町の発電所に仕事があり、ウランバートルを離れて一か月前からここに来ているという。ボロルマ自家製のボーズ（蒸し餃子）をいただき、アルヒでコンパとなった。昨晩の寒く寂しい宿とちがって、暖かく明るい雰囲気に安心した。

トゥメンバイヤーが通訳になって、彼らといろいろな話をした。特にモンゴルと日本の違いや類似点については、お互いに興味があり話題となった。広大な国土に人口の少ない国と、狭い国土に人口の多い国。時間より空間を愛する人びとと、時間を金にかえる人びと。ドルを持っていない国と、持ちすぎて非難されている国。両者の違いは、くらべる前から明らかだった。

モンゴルと日本の類似点は、お互いが忘れかけるほど昔の民族の共通性や生活様式の類似である。

「外国人とこんなに親しく話しができるなんて」

と、ボロルマが言った。これは私の人間性だけに原因があるのではなく、モンゴル人と日本人の顔がとても似ているために、ロシア人など彼らが外国人に対してもつ違和感が少ないこともあると思われる。

モンゴルと日本の文化の類似の例としては、日本の東北地方の民謡がモンゴル民謡と似ていることや、アイヌの楽器にモンゴルのものと同じものが含まれていることがある。モンゴル語と日本語には、音の構成や文法で類似点がある。たとえば、モンゴル語にはアイウエオと同様に母音と子音の組み合せがあり、また主語と述語の関係も中国語や英語とは違い日本語と同じである。モンゴル語は、他のアルタイ系の言語と同様な特徴をもち、日本語の起源にまつわる問題としても興味深い。

## カンブリア紀の石灰岩

朝起きると、飲み過ぎと寝る前にシャワーをあびたせいで、二日酔いと風邪がいっしょにきた。午前九時半ごろ簡単な朝食をとり、昨日降ろした荷物を車に積み込む作業をした。天候は曇りで、風が強い。町を歩く人もコートの襟を立てている。出発するのにいろいろと手間取り、午前一一時すぎになってようやく車は南に向けて走り出した。

典型的なミドル・ゴビの草原を快走する。北部の草原と違って草がまばらに生えている感じがする。

「地質学者の助手（タルバガン）がいないので、地質図をつくるのがむずかしい地域だ」と、トゥメンバイヤーが言った。

低地にはいくらか水があるのだろうか、背の低い木や赤い草が密生している。地平線まで草原がつづく台地である。ところどころ低いところはあるものの、風景はほとんどかわらない。行き交う車もなく、ゲルもない。

見わたす限りの草原で、道がわからなくなったようだ。小さな湖があり、その南に小屋とゲルがある。湖岸に降りてゲルで道を聞く。道に戻らず、道のない草原を北東に向って走り出す。馬に乗った牧人がいたので道を聞く。今度は南に進む。ゲルがあったのでここでも道を聞き、今度は北東に進む道に出る。この方向は、南下する我々の方向ではない。

しばらく行くと、近くで馬を放牧しているゲルがあり、道を聞く。車内からビデオカメラで馬とゲルを撮っていると、奇妙なものを見る目をしてゲルの老人と子供が車の中をのぞき込んだ。逆戻りして、南に行く道を見つけ南下する。

道端に白い岩が出ていた。車を止めて降りてみると、その岩は北東—南西方向の方向性をもって直線的に点在していた。これは堆積岩で、南東に傾く地層の面も観察できた。古生代のはじめカンブリア紀（今から約五億四一〇〇万〜四億八五〇〇万年前）の石灰岩層である。

モンゴル中東部には古生代前期の地層が北東—南西方向で台地をつくって分布し、その南側にそれより新しい中生代後期の地層が盆地を埋めて広く分布している。このカンブリア紀の石灰岩は古生代前期の地層の中核をなし、モンゴル中東部に幅広く北東—南西方向に分布している。この岩の分布はちょうどその岩体の東の縁付近にあたる。これはミンジン教授の専門領域である。

先に進んでいたウッジードーの車は、乾いた湖のほとりでランチの準備をしていた。午後二時である。ここも昨日同様に美しいところで、地平線までつづく草原の中にぽつんと水たまりのような湖だけがあるといった場所だった。昨日といい今日といい、ランチは、内容はともかく、その風景は世界のどんな五つ星ホテルをも凌ぐサービスである（口絵2・図12）。空には半分くらい白い雲があるだろうか、暑くも寒くもない。

昼食をすませてミドル・ゴビの草原を南下する。風化した花崗岩の岩がごつごつと出ているところにさしかかった。三畳紀からジュラ紀にかけて貫入した花崗岩で、岩質的には閃長岩（カリ長石を主成分とする深成岩）に近い。ラクダの朽ち果てた骨のころがる岩場をうろつきながら、岩石を観察する。トゥメンバイヤーは、この岩石がこの付近約四〇キロメートル四方に分布していることを、地質図をひろげて示してくれた。

## 車の整備

トゥメンバイヤーは、タイヤの空気圧が気になるらしい。私が写真を撮っていると、彼はウッジードーに借りた携帯用の空気圧計でタイヤの空気圧を計りだした。そして、ボンネットから日本では自転車用に使う空気入れを取り出して、タイヤに空気を入れ始めた（図13）。タイヤに空気を入れ終われると、まるで自転車のタイヤにするように、手でタイヤを押して、

「ＯＫ！」

と、言った。

この付近には水がなく、ほとんど住む人もいないらしい。花崗岩の岩が突き出す大地を南下し、通信のためのタワーや鉄道の線路が見える草原まで出た。北京とウランバートルをむすぶ鉄道である。

図12　ミドル・ゴビの小さな湖のほとりでのランチ.

送電線もあり、それに沿った道を南南東へ進む。トゥメンバイヤーは車の運転に疲れ、少し休憩をとった。

この車は、まだ一万四千キロしか走っていないにもかかわらず、どこもガタがきているようで、とても新車とは思えない。

「日本の車にくらべるとロシアの車はとても壊れやすい」

と、彼は言った。

「しかし、ゴビの旅には日本の車よりもロシアの車の方が適している」

と、言う。なぜなら、ロシアの車は壊れやすい反面、構造が簡単で、しかも部品が手に入りやすく、自分で修理することができるのだそうだ。ゴビにはガソリンスタンドも修理工場も、もちろんＪＡＦも、公衆電話さえないのである。

ガソリンがなくなり、補給のために止

図 13　ニバのタイヤに空気を入れるトゥメンバイヤーとウッジードー.

まる。道の轍に赤のニバを止め、ウッジードーのジープを轍の山側に止めた。両車の高さの違いを利用して、ジープの後部に積んだガソリンの入ったドラム缶からホースを引いて給油する。

「フィールド・ガソリンスタンド！」

と、トゥメンバイヤーが言った。

この付近の草原には、ゴールド・ツリーと呼ばれる茎が金色の低木がたくさん茂っていた。私は給油のあいだの暇つぶしに、驚かすと赤い羽根をひろげて飛ぶ小さなバッタを追っかけて遊んでいた。

**サインシャンド**

線路沿いに、サインシャンドに向かう。線路をウランバートルへ向かう汽車が通過して行った。

北京―ウランバートルを汽車で行くと三〇時間かかるという。一等車の個室がとれないと、混雑する二等の座席で、羊などを持ち込む人たちといっしょに、狭くて硬い椅子の上で長時間座ることに耐えなければならない。食堂車もあるが、すぐに料理がなくなり閉店していましまうそうで、空腹にも耐えなくてはならない。しかし、一度乗って旅をしたいものである。そんな思いで、北へ去って行く列車をしばし眺めていた。

水たまりが多くなり、盆地に入ったことを知らせてくれた。駅があり、酒の空きビンを積んだオボーがあった。天気は快晴、夕日が暑い。

やがて小石が集まった地層（礫岩層）からなる小高い丘に出た。そこから南の方向にはサイ

図 14　サインシャンドの丘にあるゲルの風景.

ンシャンドの町の北半分が見えた。反対の方向には低い起伏のある草原が広がり、遠くの丘の上にゲルがあり(図 14)、羊の群れとそれを追う人影が夕日に映えていた。

町の南側から線路を渡り、町に入った。線路わきのガソリンタンクの横に小さなガソリンスタンドがあった。そこでガソリンの補給をしようとしたが、ガソリンがないと断わられた。しかたなく、ホテルを探して町の中央に入った。

ホテルに室がとれたので、室に入る。午後七時である。室の中で自炊をして夕食をとり、私は疲れていたので早めに寝ることにした。南ゴビのダランザドガドまでホテルはないのはわかっていたが、風邪ぎみでもあり、シャワーもお湯が出ないので浴びることなくそのまま寝た。

その夜、トウメンバイヤーとウッジー

ドーはガソリンを探して町の中を奔走し、高い支払いをしたが目的をとげたという。しかし、電話は不通でウランバートルに連絡はできなかった。ウッジードーはその夜、車やその中の荷物の警備のために車の中に寝たらしい。モンゴルでは、運転手には車の警備責任があるので、ホテルやテントがあったとしても車の中に寝るのが原則だという。

# 第四章　ゴビ横断

どこまでも続くゴビの道．ゴビは草がまばらにはえる荒地である．

## 白亜紀中期の不整合

九月一一日、快晴。今日が日曜日であることはすでに忘れていた。午前一〇時にホテルを出て、町の南西に見える大きな崖に向かった。近くにはロシア軍のレーダー基地が見える。川の跡を上流にさかのぼり、崖の近くまで入り込んだ。これ以上行けないところで、車を降りて歩きだす。

この地域は元ソ連軍の演習場だったところで、キャンプの跡や赤くさびた缶、ヘルメットなどの残骸がそこら中にころがっている。ここには、南北走向で東に三〇度ほど傾く粘土岩層や砂岩層、礫岩層が分布している。これは、フフテック層と呼ばれる白亜紀中期、おそらくアプチアン期（今から約一億二五〇〇万年前から一億一三〇〇万年前）の地層であるという。珪化木も地層の中にあり、浅い湖の底にたまった地層と考えられる。

粘土岩層のつくる尾根を南に登って行くと、フフテック層とその上に重なるバルンバヤン層（この付近ではサインシャンド層と呼ぶ場合がある）とのきれいな不整合が見える崖があった（図15）。傾斜したフフテック層の粘土岩層—礫岩層—泥岩層—砂岩層という重なりがほぼ水平に削られ、バルンバヤン層の赤く焼けたような色の砂礫層が水平にその上を覆っている。

不整合とは、上下ふたつの地層が連続して堆積したのではなく、下の地層がたまった後に下の地層が隆起して削られ、その後に上の地層が水平にたまったような、時間的に不連続な重なりの関係を言う。バルンバヤン層は、白亜紀中期のアルビアン期（今から約一億一三〇〇万年前から一億年前）に対比されるそうである。これらの地層はちょうど今から一億年前ころにたまった地層である。

図 15　フフテック層とその上に重なるバルンバヤン層の不整合.

これらの地層の時代は、私にとってたいへんなじみがある。私は、ちょうどこの時代に北西太平洋にあった今は深海に沈んでいるサンゴ礁の島々を、学生時代から研究テーマとしてきた。それら沈んだ島々の頂上は平坦で、平頂海山とかギョーと呼ばれている。ギョーの頂上からはちょうどこの時代（白亜紀中期）のサンゴ礁の化石が発見されるが、現在は一千から四千メートルの深さに沈んでいる。これらの海山やサンゴ礁の歴史を調べ、これらの海山がなぜ沈んでしまったかということを、太平洋の歴史とともに研究することが私の研究テーマのひとつでもある。

この崖の地層を見て、海面の上昇にともなって北西太平洋にたくさんのサンゴ礁が発達した同じ時代に、中央アジアの大陸では山地の隆起とともに干上がった湖の上に扇状地が形成されていたことを、私は理解した。

夢中になって崖によじ登って調査をしていると、トゥメンバイヤーが来て、

「ここだけに時間を使えないので、次の場所に行こう」

と言う。

ロケット弾や戦車の残骸が落ちている原野の中を車で登り、荒涼とした黒と白と緑色をした山の崖に近づいて行った。この付近もソ連軍の演習場だったところで、現在はロシア軍が大部分撤退したので、ある程度自由に入れるようである。

トゥメンバイヤーがかつてここでキャンプをした時、彼らのキャンプに酔っぱらった二人のソ連兵がピストルを持って現れ、賄いの若い女性を強姦したという。私は、その時のトゥメンバイヤーたちの怒りと悔しさを彼の言葉から感じた。

黒い山は玄武岩の溶岩で、白い崖はその上に重なる白色の凝灰岩層である。緑色の崖はさらにその上に重なる緑色の粘土岩層からなっていた。凝灰岩とは火山灰が固まった岩のことである。玄武岩の溶岩と白色凝灰岩は、あとで詳しく見るジョラ紀末から白亜紀はじめ(今から約一億四五〇〇万年前ころ)のツァガンツァフ層にあたり、緑色の粘土岩層は白亜紀前期のシノホト層にあたる。シノホト層の緑色粘土岩層の露出するところは、ここまで登ってくる間の演習場にもいくつか見られた。

車を降りて歩けばいいものを、玄武岩の岩砕ででこぼこした登り斜面を、トゥメンバイヤーは強引に車で登って行った。荒涼とした岩石だらけの原野に着き、車を降りた。まるで月の上にでも来たような風景である(図16)。

緑色の粘土岩層の一番下の部分には、その下にある玄武岩の礫が含まれる基底礫岩層がある。そして、その上に向かって珪質な部分をはさみながら緑色の粘土岩層が厚く連続している。この地層は深い湖の底にたまったものだろう。しかし、なぜ緑色をしているのだろうか。トゥメンバイヤーは、当時の火山活動の影響も考えられると説明してくれた。岩の上にはうすい緑色の小さなトカゲがいた。

「Oh! Small Dinosaurs（小さな恐竜）」と言って、トゥメンバイヤーはカメラを持ってトカゲを追っかけまわした。

## ゴビのハエ

そこから南東へ行ったところに、小高い丘があり、そこには白い砂岩層が露出していた。この砂岩層には、斜めに傾く

図 16　シノホト層の緑色粘土岩層が露出する原野.

粗い砂からなる層が幾重にも重なるようすが観察された。これは、白亜紀後期のバインシレ層に対比される砂岩層だそうだ。

ここからは東西両側の山地がよく見える。空には小さい白い雲がところどころに浮いているものの、空一面にとても深い青空がひろがっている。英国人ジャーナリスト、アイバーモンターグはモンゴルのことを、「The Land of Blue Sky」と呼んだそうだが、まったくこの青空はモンゴルだけのものかもしれない。

しばらくして、草原のまん中で昼食の準備をしているウッジードーたちと落ち合った。すると、ウッジードーの右目にハエがぶつかったと言って、トゥメンバイヤーがあわてている。何が起こったのか最初わからなかったが、彼の説明を聞き、ウッジードーの右目の眼球（黒目）を見て驚いた。二〇個ほどの小さなハエの卵がウッジードーの眼球に産みつけられている。

ゴビのハエは、水分を含む人の眼球に衝突して、その瞬間に卵を産みつけるらしい。気がつかないでそのままにしていると、二時間後には眼球が腫れてきて、目が見えなくなってしまう。そのため、ゴビではメガネを必ずかけていないと危険だという。

サンペルガバが脱脂綿で、ウッジードーの眼球の中の卵を取り出そうともどかしくしていた。そこで、私は綿棒を使って、彼の目の中のハエの卵を取り出して、目薬で彼の目を十分に洗ってあげた。

## ジュラ紀の礫層

昼食のあと、西側に見える山の麓に行き、ジュラ紀前期（今から約二億年前ころ）の地層を

図 17　傾斜するハモロホボロ層とその上に重なる玄武岩溶岩の山.

観察した。ここには、急傾斜して切り立った砂岩層や礫岩層からなるハモロホボロ層が露出していて、部分的に黒い炭層もはさまれていた（図17）。砂岩層やそれにはさまれる粘土岩層には植物の化石が多く含まれていた。この露頭の奥にある山には、この地層を水平に削って、その上の上を覆う礫岩層があり、さらにその上にツァガンツァフ層の玄武岩溶岩の黒い岩肌が重なっていた。

ここをあとにして南へ進み、我々は山側に入り込んで行った。車は山の谷あいに深く入って行くと、正面の尾根の上に野生の大角ヒツジの群れがいた。それらは車に驚き、次々に尾根から姿を消していったが、私はビデオにその姿を収めることができた。

我々は車から降りて、山の斜面の露頭を見学した。谷の下側には、今見てきた

図 18　シェリル層の礫岩層.

ハモロホボロ層の砂岩層が直立して露出していて、その上が削られ、その上には直径が五〇センチメートルもある丸い石（円礫）が集まっている礫岩層がほぼ水平に重なっていた。

この礫岩層は、シェリル層と呼ばれ、ジュラ紀中期〜後期の地層である（図18）。しかし、この礫岩層は硬く固結していないので、日本で言えば第四紀（約二五〇万年以降の最も新しい地質時代）の礫層と地層の感じが似ていた。日本のジュラ紀の硬い地層を知っている私には、とてもこれがジュラ紀の地層とは思えなかった。

この大きな礫からなる地層は、下の地層とは不整合で、しかも礫層は厚く堆積していることから、この時期に平原盆地の山側が急激に隆起したと考えられる。「この礫層は、平原盆地の形成を考える上でたいへん重要です」

と、トゥメンバイヤーは強調した。

この礫岩層の大きな円礫は、ほとんどが玄武岩や粗面岩（アルカリ火山岩の一種）である。しかし、それらの礫がどこから来たかについては不明らしい。この礫層の堆積直前に、この付近で火山活動があったのではないかと私は考えた。

## ゴビ

山の峡谷の幅の広い川の跡を通って、車はまるで渓谷の川下りのように、南へ下って行く。川の跡は平らで障害物がないので走りやすく、自然のハイウェイである。快適にハイウェイを飛ばしていくと、突然、峡谷から広大な平原に出た。川筋は平原に出て四方に広がり、消滅している。我々の目の前には広大なゴビが広がっている（図19）。

モンゴル語で、緑の草原は「ハンガイ」と呼ばれ、短い草がまばらに茂る荒れ地を「ゴビ」と呼ぶ。ゴビは砂漠でもなく、草原でもない。我々の目の前に広がる途方もなく広い大地がゴビである。ここには道もなく、川の跡もない。これから我々はどう進めばよいのだろうか。

トゥメンバイヤーは一〇万分の一の地図をひろげた。私は、携帯用のＧＰＳ（人工衛星を利用して位置を測定する装置）で現在の位置を出した。位置は二分ほどで人工衛星をマークして測定できる。

北緯四四度三九分四七・二秒、東経一〇九度五九分〇三・六秒。これが現在の我々の位置である。何の目標物もないゴビのようなところでは、大海原と同様にＧＰＳは威力を発揮する。

それまでは、車が停止した時にだけ位置を測定していたが、電源を車のバッテリーにつなげて連続的に測定できるようにした。

時間はすでに午後五時に近い。今晩のキャンプ予定地のツァガンツァフにはあと一時間で着かなくては、日没までにキャンプの設営や食事などができなくなってしまう。

道もないゴビを南に進む。しかし、草むらとでこぼこの地面のために、三〇分も走ったが時間のわりに、なかなか先に進まない。ウッジードーが車を止めて、このままではらちがあかないと言いに来た。私は、GPSの位置をもとに彼らの地図の見方に誤りがあることを指摘し、目的地までの正しい方向を示した。

西に向かった。荒れ地を進むが、や

図19　目の前に広がるゴビと地平線.

がて山側の少しは走りやすい草原に入り、トゥメンバイヤーが以前通ったことのあるという道に出た。大きく谷を北にまいて、ツアガンツァフに着いたのは午後七時前だった。

**ツァガンツァフ**

「白い荒れ地」と呼ばれるツァガンツァフには、何千ものラクダのこぶが並んだように、白い凝灰岩層の小山が幾重にも続いている（図20）。我々がそこに着いたとき、そのこぶの群れが夕日に照らし出されて長い影をつくっていた。

日没までわずかだった。そこで、観察は明日にしてまずキャンプ地を決めた。山側にゲルがひとつあったが、誰も住んでいなかった。ゴビは風が強いので、風のあたる山側をさけ、白い凝灰岩層の小山が並ぶ低地の中に入り込み、キャンプ

図 20　ツァガンツァフに露出するツァガンツァフ層．こぶは地層が傾斜していて，硬い地層が突出し軟らかい地層が削れて形成されている．

地を設定した。二台の車を「く」の字形に合わせ、その間に二つのテントを張った。

トゥメンバイヤーはテントを張りながら、

「この場所は洪水の時には、川底になるところで危険なのだが」

と言って、突然の洪水ですべてを流された中国の恐竜発掘調査隊の話をしてくれた。その調査隊にはサンペルガバも参加していたという。また、大雨のために水位が上がり、大量のヘビが地面の穴から出てきたキャンプの話もしてくれた。

サンペルガバは、

「ヘビの話をするとヘビが出る」

と言って、トゥメンバイヤーをたしなめた。

テントを張っていると馬に乗った一人の少年が来て、珍しそうに我々の作業を見ていた。午後八時ごろに日が没した。野菜スープができたので、その少年も入れて五人で夕食をとった。夕食のあと、少年は馬に乗ってどこかへ消えていってしまった。

西には三日月がある。午後九時すぎに消灯にして、私は風邪薬を飲んで寝た。蚊が出るかと心配して蚊取り線香を用意したが、心配するにはおよばなかった。

風邪薬と厚着をしたせいで、私は寝汗をかいて夜中に起きてしまった。着替えをしてテントの外へ出ると、夜空には満天の星が出ていた。夏の大三角や天の川もきれいに見える。しかし、とても寒い。まるで冷蔵庫に入って夏の星座を楽しんでいるようだった。

日の出は午前七時半、その時の気温は摂氏三度。ここの場所の海抜高度は地形図によると九四〇メートル。モンゴル高原は北から南に高度が低くなっているので、この付近は北よりも日中の気温が高い。

ここがジュラ紀末期から白亜紀初期のツァガンツァフ層の名前のついた場所（模式地）で、東に傾斜した地層が南北方向に何列も並んでいる。西には玄武岩の溶岩が黒い山をなして分布し、その東側の谷にはその上に重なる白色凝灰岩層が分布している。そしてそのさらに東側には、それらを不整合に覆って白亜紀後期のバインシレ層の砂礫岩層が分布している。凝灰岩層は玄武岩の溶岩よりも軟らかくて削られやすいために谷になっていて、その地層の分布に沿って南北に露出している。

このツァガンツァフ層は、東ゴビでは下部に玄武岩溶岩があり、その上部に白色凝灰岩層があるという組み合せである。しかし、南ゴビでは玄武岩や流紋岩の溶岩と白色凝灰岩層の組み合せになるという。白色の凝灰岩層は、もともと流紋岩のような酸性（珪酸分の多い成分）の火山活動で噴火した火山灰がたまったものである。この凝灰岩層にはところどころ薄い粘土岩層がはさまれ、これには魚の化石がたくさん含まれ、たまに恐竜の化石も発見される。

ここの白い凝灰岩はすべて沸石になっている。そしてここの沸石は、家畜の飼料として生産されているという。たとえば、鳥や豚にここの沸石を飼料として与えると、家畜は一か月で大きく太るらしい。トゥメンバイヤーは、この沸石の利用のための研究で、チェルノブイリ事故のオーストリアにおける被害復旧プロジェクトに一年間参加していたらしい。ここの凝灰岩が沸石であることをはじめて発見し研究したのはトゥメンバイヤー自身であるが、彼はこの発見に対する恩恵を政府からまったく受けていないとぼやいていた。

露頭をひとまわり廻って戻って来ると、ウッジードーとサンペルガバが粘土岩を割って魚の化石を探していた。あまり大きいものはなかったが、いくつかサンプルして出発した。

## ゴビの地質

これまで見てきた東ゴビの地質をまとめると、下位から炭層をはさむ砂岩層や礫岩層からなるハモロホボロ層、大きな円礫からなる礫岩層のシェリル層、玄武岩溶岩と白色凝灰岩層からなるツァガンツァフ層、緑色粘土岩層からなるシノホト層、礫岩層や砂岩層、粘土岩層からなるフフテック層、砂礫岩層や砂岩層からなるバルンバヤン層、砂岩層からなるバインシレ層からなっている。南ゴビではこのさらに上位に、砂岩層からなるバヤンザク層、バルンゴヨット層、そしてネメグト層が重なって分布する（図21）。

これらの地層は、一般に東部ほど古い

| 地質時代 | | 地層名 | 層厚（m） | 岩相 | 岩相と発見される化石 |
|---|---|---|---|---|---|
| 白亜紀 | 後期 | ネメグト層 | 50〜100 | | 砂岩 **タルボサウルス**、**サウロロフス**、デイノケルス、サウロルニトイデス、**ガリミムス**、テリジノサウルス |
| 白亜紀 | 後期 | バルンゴヨット層 | 50〜150 | | 砂岩 プレビセラトプス、バガケラトプス、哺乳類 |
| 白亜紀 | 後期 | バヤンザク層（ドジョフタ層） | | | 砂岩 **プロトケラトプス**、**ヴェロキラプトル**、**オヴィラプトル**、たまごの化石、小型哺乳類 |
| 白亜紀 | 後期 | バインシレ層 | 150〜350 | | 砂岩、礫岩 セグノサウルス、ドロメオサウルス類、アンキロサウルス類 |
| 白亜紀 | 前期 | バルンバヤン層（サインシャンド層） | 150〜200 | | 砂岩、礫岩、粘土岩 竜脚類の恐竜の骨の破片、たまごの化石、カメ |
| 白亜紀 | 前期 | フフテック層 | 400〜1000 | | 砂岩、礫岩、粘土岩、石灰岩 珪化木、恐竜の骨の破片 |
| 白亜紀 | 前期 | シノホト層 | | | 緑色の粘土岩、石油 恐竜の骨の破片 |
| ジュラ紀 | 後期 | ツァガンツァフ層 | 100〜1200 | | 玄武岩溶岩、流紋岩溶岩、白色凝灰岩、魚の化石 **ブシタッコサウルス**、イグアノドン |
| ジュラ紀 | 中期 | シェリル層 | 150〜2000 | | 礫岩 |
| ジュラ紀 | 前期 | ハモロホボロ層 | 200〜4000 | | 砂岩、粘土岩、礫岩、石炭 |

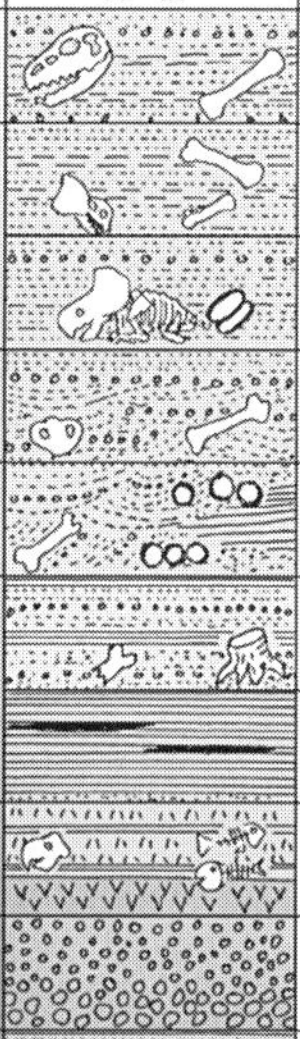

6600万年前 / 1億5万年前 / 1億4500万年前 / 2億13万年前

図21　ゴビの中生代の地層の重なりとそれから発見される恐竜化石.

図22　中生代のジュラ紀～白亜紀のゴビの地形．北西部は山地になり，南東部は盆地や湖，ところどころに火山もあった．数字は恐竜化石産地．

地層が見られ、南西部ほど新しい地層が見られる。バインシレ層以上の白亜紀後期の地層は、乾燥気候に支配された赤い砂岩層などからなり、それらは主に陸上の扇状地や河川の堆積物、一部に砂漠の堆積物を含んでいる。これらの陸上でたまった地層には、陸上で生息していた大型の脊椎動物の化石が含まれやすく、そのためにゴビの白亜紀後期の地層は恐竜化石の宝庫となったと思われる。

これらの地層の観察から、ジュラ紀から白亜紀にかけてのゴビ地域の環境の変化を簡単にまとめると次のようになる。

ジュラ紀のはじめゴビ地域には浅い湖があった（ハモロホボロ層）。ジュラ紀中期に山地の急激で大規模な隆起が起こり、山地と平原盆地の区別がはっきりして、同時に山地から大量の礫が平原盆地に流れ込んだ（シェリル層）。平原盆地は相対的に沈降し、そこに湖ができた（図22）。そして、山地と平原盆地の境界の断層に沿って地下からマグマが上昇し激しい火山活動が起こり、玄武岩溶岩や白い火山灰が湖に堆積した（ツァガンツァフ層）。湖はさらに深くなり、緑の粘土が堆積した（シノホト層）。山地の隆起にともない、湖は泥と砂礫で埋積されて、しだいに浅くなった（フフテック層）。その後、ゴビ地域は乾燥した気候に支配され、湖は消滅して扇状地が広く発達した（バルンバヤン層以降の地層）。白亜紀後期にはゴビ地域の北東側が隆起してきたために、この扇状地の堆積物をためた盆地は順次西側へ移動して、白亜紀の終わりごろにはゴビの西部に限られて分布するようになった。

構造運動の点からゴビ地域の地質をみると、ジュラ紀中期に山地部の大きな隆起運動があり、その後も地層を傾ける傾動運動や地層を曲げる褶曲運動がつづいた。しかし、白亜紀中期のバルンバヤン層以降の地層については、断層で地層がずれてはいるものの、多くのところで水平な地層が台地面を形成している。したがって、ゴビ地域の構造運動は、白亜紀後期にはそれまでの傾動・褶曲運動とは質的にちがった構造運動に変化した可能性がある。また、ゴビ地域には中生代以降に数回の火山活動の時期があり、中生代では火山は北東―南西方向に配列し、第四紀の火山は南北方向に配列しているという。

## ゴビの石油

道のない荒れ地を南に向かう。途中で道に出て道なりに南東に行く。道はどんどん東に向き、軍の施設のあるズーンバヤンという町に着いた。ここは石油生産基地の町でもある。町外れまで行き、現在は動いていない石油生産井を見学した。井戸の横の池にはまっ黒な原油がたまっていた。近くに掘りかえされた土があり、それは緑の粘土であった。シノホト層の粘土である。

石油の貯留岩はシノホト層に違いない。

ゴビには広大な平原盆地があり、そこには厚いジュラ紀から白亜紀の地層がたまっている。その中のシノホト層にはおそらく石油が貯留されているだろう。しかし、ゴビの石油開発については、旧コメコン（社会主義諸国間の経済協力機構）の国際分業体制の下でモンゴルの石油開発は打ち切られ、石油の供給はソ連に全面的に依存することを強いられた。そのためそれ以前には調査自体はかなり行われた模様だったが、それ以来石油の調査や開発はほとんど行われていないという。なお、以前に調査された基礎データはすべてソ連が持ち去ったらしい。もしもゴビに石油が出れば、少なくとも我々はガソリンの補給のことでこれほど苦労しなくてもすむし、モンゴルの人たちの経済を多いに助けることもできるに違いない。

今日の目的地はホンギルツァフというバインシレ層が露出する崖である。町の人に聞いたりゲルの人に聞いたりして、その崖の上に着いたのは午後二時すぎだった。平原盆地の西側に高さ五〇メートルで南北方向の崖がある。その上は台地になっていて、台地からは東側に卓上の尾根が何本ものびている。ミニ・グランドキャニオンといった風景である（口絵3・図23）。南北の崖の長さは五キロメートルほどだろうか、とても広い。

天気は朝から快晴で、雲はまったくない。暑くて、すでにセーターは脱いでいる。崖を下りながら、地層の観察をする。ここには斜めに傾いた砂礫岩層が幾重にも重なり、その間に硬くセメント状になった砂岩層が何枚かはさまれる。

ここからも恐竜の化石が発見されているので、探してはみるがあまりに崖が大きくて広すぎる。すごいところに来たという感動で、写真やビデオを撮るだけで精一杯である。斜めに傾いた砂岩層には、水辺にすむ生物の巣穴と思われる細い砂の管がたくさん見られるところがあった。

　ひとつの東にのびる卓上の尾根を下って、それを一廻りして車のある崖の上に戻って来た。すでに時間は午後五時である。台地の上の草の間に小さな丸い石ころ(円礫)がたくさんころがっている。不思議に思い、この礫はどこから来たのかとトゥメンバイヤーにたずねると、

「砂岩層が風化して砂が飛び去り、その中にあった礫は飛ばされず台地の表面に残った」

　と、言われ、納得した。

## ホランとデュラン

　ホンギルツァフをあとにして、台地の上を西へ向かった。台地の上の草原は、平原盆地の荒れ地とは比較にならない

図 23　ホンギルツァフでバインシレ層の調査をする筆者.

ほど走りやすい。しばらく行くと、右手に二頭の馬が見えた。

「ホランだ！」

と、トゥメンバイヤーが叫び、私にその馬をビデオで撮影するように催促した。

二頭の馬は我々の車と並走した。車が追いつこうと速度が上げると、競争を楽しむように馬も走りを早める。車は草原のでこぼこ道を時速七〇キロ近くで馬を追うが、やがて馬は車の前を横切って南へ去っていった。

ホラン、すなわちモンゴル野生馬である。ホランは、普通の馬より小振りで、毛並が長い。最近では見ることが少なくなった動物で、走る姿をビデオに撮った人もなかなかいないという。

ゴビでひんぱんに遭遇する野生動物は、デュランである。ガゼルのことで、二〜六頭の群で車と競争をする。彼らは、いつも余裕をみせてホッピングやジャンプをしてみせて、車を追い越し走り去ってしまう。

モンゴルの野生動物は、湖の魚も含め、中国人やロシア人による狩猟によって、数が激減したといわれる。モンゴル人は野生動物をほとんど殺さない。なぜなら、彼らは羊や馬などの家畜と森や草原の植物の恵みによって生活していて、野生生物を殺す必要があまりないのである。それに、彼らは狩猟をそれほど好まない民族なのである。平和なモンゴルの自然は、モンゴルの人の心である。

それに対して、モンゴルに侵入した中国人やロシア人、それと最近の狩猟目的の観光客は、無意味に野生動物を殺してしまう。これはモンゴルの人たちの心を土足で踏み荒しているのと同じなのである。

## ゲル

「午後六時にはキャンプの場所を決めて、車を止めよう。そして、ビールタイムにしよう」これが、我々の一日のルールだった。しかし、今日もビールタイムの時間をすぎても、ビールは飲めない。

道ばたに井戸があった。そこで車は止まり、水を補給した。この付近には白い石膏の粉が道ばたにふいている。近くに石膏鉱床があると言う。

キャンプの場所を探しに、井戸のところから川の跡を下った。玄武岩の小山の影に二つのゲルがあったので、そこに挨拶に行った。今夜はこの付近にキャンプさせてもらうことになった。サンペルガバが夕食の用意をしている間、アルヒをおみやげにゲルを訪問した。

この二つのゲルは、ナムサライさんという人の家族とその息子家族のもので、我々はナムサライさんのゲルを訪問した。彼は、トラックの運転手をしていたが今は退職してゲルでゆっくりと暮らしているという。偶然であるが、彼が運転手をしていた時に、ウッジードーのお父さんといっしょに働いたことがあるという。

ゲルは夏用のもので、簡素で直径三メートルくらいの小さなものだった。客は入口の左側に通されて座り、主人は中央の奥にあぐらをかき、奥さんは入口の右側に掘られたかまどで夕食のしたくをしていた。二人の子供は右側の奥で、シャガイとよばれる羊のくるぶしの骨（踵骨）でつくったサイコロで遊んでいる。

中央の奥には小さな戸棚があり、その上に布団がのせてある。そして、その横に小さな仏壇とジャーツと呼ばれる写真立てがあった。それ以外の小物は、ふくろに入れて壁にかけてある。ゲルの中にはそのほかに、ミルクを入れる容器と燃料のアルガリ（乾燥した牛の糞）の入った箱がある程度である。天井には天窓があり、床には少し汚れたフェルトのマットが敷いてある。

「サインバイノー（こんにちは）」

と言って、入口の扉（ウードゥ）を開けてゲルに入いると、主人は我々を中に招き入れて、小さな椅子を出してくれる。私はあぐらをかくのには慣れているので、都会育ちのトゥメンバイヤーに渡して、床に座り込む。

主人は、どんぶりになみなみとミルクを発酵させたアイラグという乳酸飲料（馬乳酒）を注いで、差し出してくれる。右手でそれを受け取り、その時左手をそえるのが礼儀である。それを飲んで返すと、次の人へと一巡する。今度は自家製の蒸留酒（シミンアルヒ）を銀盃に注いで差し出してくれる。右手の薬指で天と地に振りかけ、お清めをする。このシミンアルヒはアルコール分が十数パーセントの酒だが、口当たりがいいので、一気にいける。

主人はおもむろに煙草入れから嗅ぎ煙草を出し、自慢しながら嗅ぐようにと差し出す。赤サンゴでできた蓋を引き出し、嗅ぎ煙草の粉を少し取り、鼻にあてて嗅ぐ。お礼を言ってそれを返して、自分の嗅ぎ煙草を取り出して主人に渡す。これが、モンゴル流の挨拶である。

その間に奥さんがアーロール（干しチーズの白い塊）やウルム（乳の表面にできる皮状のクリーム）を皿に出してくれる。話がはずんでくると、我々がプレゼントしたアルヒ（ウォッカ）を主人が銀盃に注いで、我々にすすめてくれる。これも一巡して最後となると、みんなで少しずつ飲みながら盃を回す。

## 遊牧の生活

日の出とともにゲルの青年たちは、馬に乗って羊を追って消えてしまった。そして夕暮れまで、ゲルには女子供と老人が残っているだけである。しかし、残った女と子供も遊んでいるわけではない。動けない老人と赤ちゃん以外は、みんな働いている。

このゲルの三才と四才の女の子も、一人前に馬に飛び乗り、羊の群れを追っている（図24）。若い奥さんは赤ちゃんを抱えて、井戸で羊やヤギに水をあげている（図25）。ナムサライの奥さんは馬の乳しぼりに余念がない。

家畜とともに暮らす放牧の生活では、金はほとんど必要ない。食事は、乳製品と羊の肉が中心である。日の出とともに出て日没とともに帰る彼らに、電

図24　ゲルの子供たちは一人前に馬に乗って羊の群れを追っている.

灯はほとんど必要ない。寒ければ羊の皮をまとい、乾燥した家畜の糞を焚き、必要なものがあれば物々交換をする。彼らの生活にゴミは存在しない。彼らに馬があれば、ガソリンも車もいらない。土地の所有権も存在しない。唯一価値の基準があるとすれば、それは彼らの生活を支える家畜をどれだけ持っているかということだろう。

「日本には羊がどれくらいいるのか」

と、私は尋ねられた。

「日本には羊がほとんどいない」

と、私は答えた。

彼らは日本を貧しい国と思ったことだろう。彼らはこういう生活を千年以上もつづけている。そして、この電気万能の現代社会に、電線につながれていない生活をしているのである。

我々は井戸の近くで車の整備と掃

図 25　羊やヤギを放牧している遊牧民の家族を手伝い井戸の水をくむウッジードー.

除をしながら、子供たちと馬に乗ったりして遊んだ。お世話になったナムサライさんの家族の写真をポラロイドカメラでとってあげると言うと、時間をかけて正装し、馬に乗ったり、家族全員を呼んできてポーズをとった。ポラロイドのフィルムからだんだんと色が浮き上がってくるのを、驚異と感激をもって彼らは喜んでくれた。きっとこの写真もジャーツの中に飾れるのだろう。

ポラロイドのカラー写真は、特に老人と母子にとっては一生の記念になるだろう。できあった写真を見た彼らは、我々を昼食に招待してくれて、シミンアルヒやアーロールをおみやげにくれた。

楽しい時を過ごしたが、結局ここを出発したのは午後一時になっていた。

## 悪漢に追われ

ほろ酔い気分で、西に向かう。この付近には玄武岩の黒いごつごつした岩場が続く。これらの岩体は、古生代後期のデボン紀から石炭紀（今から四億年から三億年前ころ）の火山活動によって形成されたもので、ゴビ地域南部には広く分布している。そして、この地域の岩体にはしばしば金属鉱床がともなわれるという。トゥメンバイヤーもかつてロシアとの共同鉱床探査の際に、この付近を調査したという。

川の跡を通過する。川底が白くなっている。ソーダが沈着しているという。この周辺にはアルカリ成分を多く含む（高アルカリの）岩石が露出していて、雨が降ったときにそこから溶脱したナトリウムが、乾燥のため川底で晶出したものと思われる。乾いた川底にはたくさんの赤い海藻のような丸い草が茂っていた。

峠にさしかかると、大型の青いトラックが止まっていた。トラックには、大きな荷物と十人ほどの大人の男女が乗っていた。行き交う車もないところで困ったことでもあったのかと、止まって彼らの話を聞く。

最初は、荷物を落としたのでここまで来る途中で荷物を見なかったかと、我々に聞いていた。しかし、そのうちに彼らはジープやニバの中ものぞき込みはじめ、ジープの中に入り込んで何やら調べ始めた。

全員が酔っぱらっている。トゥメンバイヤーとウッジードーは危険を感じて、彼らが我々の車の中を探すのをあきらめたすきに、我々は逃げるようにそこから立ち去った。

トゥメンバイヤーの顔は真剣になり、西に向かって全速力で車を疾走させた。三〇分ぐらい走って、彼は道からはずれた見晴らしのよいところで車を止めた。そして、トランシーバーの電池を交換し、ウッジードーとこれからの対処を検討していた。そして、私にこう言った。

「彼らは何か大事なものを運んでいて、道でそれを落とした。そして、それを血まなこになって探している。彼らはいったん道を戻って探すだろうが、おそらく見つからないだろう。そうすると、酔っぱらった彼らは、我々がそれを奪ったと思いこみ、我々のあとを追うに違いない。彼らの目的地も我々と同じダランザドガドなのだ」

彼はバッグからピストルを取り出し、ポケットに差し込んで携帯した。そして、また全速力で西に向かって走りだした。

## おとぎ話の岩の国

盆地を越えて、黒い岩場も越えて、花崗岩が風化して奇妙な形で頭を出している場所にさしかかった。一見、おとぎ話の奇妙な岩の国に迷い込んだような風景である(図26)。マンダフ村である。

相当飛ばしたたし、あとを追われている気配もなかったので、車から降りて写真を撮る余裕ができた。手足をのばして、この岩石を観察した。この岩石は、岩石をつくる結晶（斑晶）の大きい、カリウムを多く含む古生代の花崗岩だった。夕日がまぶしい。

ウッジードーは、先に村に入ってガソリンスタンドを探している。花崗岩の丸い頭がちょうどメモリー・ストーンに見える。花崗岩は風化すると巨大で奇妙な岩塊をつくる。これがいくつも突き出

図26　マンダフ村の花崗岩の奇妙な岩場.

ている草原の中にガソリンスタンドはあった。しかし、誰もいない。村まで行ってなんとか人を探してガソリンの補給をすることができた。ガソリンの給油機が手回しの手動だった。やはりここは、おとぎの国だ。

村を出て、さらに西に向かう。花崗岩の奇妙な岩場をすぎて、黒いごつごつした岩場を車は登って行く。もう午後六時になっている。今晩はあのトラックの連中が追って来ても、気がつかれない場所にキャンプしなければならない。そのためには道からだいぶ奥に入り込んだ、このような岩山が適している。車は道からはずれ南の方向に進み、岩場に入って行った。

キャンプ地は道から隠れた岩場の奥になった。そこには、古生代の花崗岩中に貫入した玄武岩の岩脈がいくつもあった。貫入岩脈にはチルドマージン（急冷したためにガラスになった周縁）がきれいに見える。キャンプ地が決まったのは、午後七時。温湿度計を見て驚いた。気温二二度、湿度八％。ゴビは乾燥している。

「さあ、のどを潤すビールタイムだ！」

我々がキャンプを設営していると、馬に乗った少年が近づいてきて、少し離れたところから我々を見ている。危険な者でないことを確認すると、馬をひるがえして遠くに見える丘の上のゲルに向かって走りだした。見ている間にそれは小さくなり、遠くに見えたゲルに着いてしまった。

## マンライ盆地

一四日は午前七時三〇分に起床。日の出前には五度以下まで気温が下がったが、日の出後はぐんぐん気温が上昇した。朝の湿度は二〇％ほどである。

朝食をとり、テントをかたづけて、各人好きなところに散ってトイレをすませる。午前一〇時ころに出発した。

出発する前には紙ゴミなどを目立たないようにまとめて土に埋め、ビールのあき缶やペットボトルは目立つようにきちんと並べて置いた。ここゴビでは、ビンや空き缶は日本と違ってやっかいもののゴミではなく、遊牧民にとっての貴重な生活用品となる。遊牧民は捨ててあるビン缶を拾ってきて、塩や砂糖の入れ物にしたり、酒や水を入れる容器にするのである。

午前中は、南ゴビの北部を西南西に移動した。草はまばらになったものの、低木や黄色やうす紅色の草花が低地にめだつ。デュランにもたまに遭遇して競争をした。この付近では、家畜としては羊の群のほかにラクダの群が多く見られた。

途中、ペグマタイトの白色石英の岩が露出していたり、花崗岩の岩場があったが、行程のほとんどはどこまで行っても地平線の続く、まばらに草のあるゴビの道だった。盆地や川の跡と思われるところには赤紫の丸い形の草が群生し、オレンジ色の花が咲いていた。

草原のまん中に車を止めてこの風景を写真に撮っていると、サンプラガバがこれらの草を摘み始めた。彼女はハーブ摘みをしている。これらの草は薬草などになるという。草原には野生のネギが生えていて、これは馬や羊が食べているが、葉は少し硬いが人間でも食べられる。ゴビに住む人は、ゴビの自然を上手に利用している。

マンライ村の北側に、まるでヘビがはっているような形をした東西に連なる険しい山がある。この山は古生代の堆積岩と火山岩でできているが、その北側に広大な白亜紀の堆積盆地が広がっている。

ヘビ山を横断する渓谷の川の跡を通って、マンライ盆地に入り込んだのは午後二時だった。古生代の地層からなる基盤の北側に、基盤とは不整合で白亜紀初期からの地層が北にゆるく傾きながら連続して分布している。時間がなかったので、地層を全部見ることができず、北側に見えたまっ赤な崖まで行った。この崖の地層はまっ赤な砂岩層からなり、バインシレ層に相当するという。

盆地の入口の基盤との不整合があるところまで戻り、カップラーメンの昼食をとり、不整合と白亜紀初期の地層を調査した。白亜紀初期の地層は砂岩層からなるが、基底部では礫を含み、上部では魚や昆虫の化石を含む粘土岩層に移りかわっていた。岩質はいくらか凝灰質で、ツァガンツァフ層の上部に対比されるという。

## フェルトづくり

マンライ村でウッジードーの車にガソリンを補給し、さらに西南西に向かう。途中、後ろのタイヤがパンクしたトラックに出会う。彼らはタイヤのパンクをなおしているらしい。他にも故障したところがあるらしく、ウッジードーが真空管のような部品をトラックの運転手に渡していた。

午後五時半、井戸のまわりにラクダが群れているところで休んだ。井戸の水をなめてみると少し塩っぱい。地図には「塩の泉」と記されているらしい。人の飲料には適さないが、ラクダは飲むらしい。ウッジードーが水をコンクリートの水桶にかい出し、サンペルガバが声を上げ

図 27　塩の泉でラクダに水をやるウッジードー.

てラクダを水桶の方に誘導した。サンペルガバは家畜の扱いになれている。ラクダは喜んで水を飲みはじめた（図27）。

ビールタイムになったが、我々は草原を西に向けて走っている。そこは緑のハイウェイである。時速五〇から六〇キロメートルは出ている。ゲルがあるので道を聞く。近くでフェルトづくりをしているというので、そこに向かう。

フェルトづくりは大勢の男女が集まって岩山の麓でやっていた。我々は彼らに挨拶をして、その山側に上がり、車を止めてテントを張った。ここには玄武岩の溶岩が出ていた。私は少々疲れていたので、大勢の人の中に入るのが億劫になっていた。しかし、気を取り直して、気つけに缶ビールを一本飲み干し、胸をはって山を下っていった。

新しいゲルを作るときに、その壁布や

図 28　フェルトづくりをする村の人たち.

敷物にするために羊の毛でフェルトをつくる。これにはたいへん人手がかかるので、家族や近くのゲルの人たちに手伝ってもらう（図 28）。そのため、みんなで一日かけて、楽しみながらフェルトづくりを行う。この行事に出会うのは珍しく、モンゴル人であるトゥメンバイヤーとウッジードーも今まで見たことがなかったという。このフェルトは、この主人の息子と娘の新しいゲルのために使うものらしかった。

日は傾きかけていたがまだ明るかった。馬で引いていた巻いたフェルトを一旦ひろげて伸ばし、また丸めて圧縮する。このような作業を何回も続ける。ここには若者がたくさんいる。女たちも手伝っている。日本の農村とは違って、ゴビにはたくさんの若者がいた。

一段落して、我々も入れてもらって酒

図 29　村の人たちとの宴会.

宴となった。アイラグ（馬乳酒）やアーロール、ウルムをご馳走になった（図 29）。ウッジードーがアルヒ（ウォッカ）をプレゼントしたら、すぐにそれをみんなであけた。

おかみさんは堂々としていて、はっきりものを言った。その分、男たちが小さく見えた。夕暮れが近づき、女たちはさっそうと馬に乗ってそれぞれのゲルに帰って行った。入れ違いに数人の若者が馬に乗ってやって来た。彼らは馬から降りると、馬が逃げないように馬の前足に手綱を巻いて、我々の酒宴に加わった。

主人たちは、新聞紙の切れ端を大事そうに取り出して、それを少し切って、中に煙草の葉をつめて巻き、紙巻き煙草にして吸っていた。以前に入ったゲルでは老人がキセルで煙草を吸っていた。これらの光景は、私が幼い頃に見たものと同じである。

　日が没して彼らと別れ、山側に設営したキャンプに帰り夕食にした。

## チンギスハーンの兵士たち

　夕食をとっていると、今別れた彼ら十余人が馬に乗って現れ、またいっしょに飲もうと言う。その場で、夕食が酒盛りとなった。サンペルガバは男たちの身勝手にいやな顔をした。

　酒が足らなくなったと言って青年が、馬に乗って彼らのゲルにアルヒをとりに行った。彼はあっと言う間に戻って来た。

「チンギスハーンの兵士だ！」

　と、トゥメンバイヤーが言った。馬に乗った兵士は、チンギスハーンの情報戦略の重要な役割をおっていた。彼らと馬がいたから、情報伝達の手段のほとんどなかったあの時代に、モンゴル帝国は他を征してヨーロッパにまでおよぶ広大な領土を占領し、支配することができたのである。

　モスクワには「アルバート通り」という名の通りがある。「アルバート」とはモンゴル語の「十」という意味で、モンゴル帝国がモスクワを占領した時に、この通りに第十分隊が置かれたことからその名前がついたらしい。ソ連は、モンゴル人民共和国樹立後に、モンゴルの人々がモンゴルの英雄チンギスハーンの名を語ることを禁じた。なぜならば、ロシア人にとってチンギスハーンは侵略者以外の何者でもなかったからである。

　地方の博物館では現在でも、モンゴルの歴史の中にモンゴル帝国の展示はなく、石器時代からすぐに清の支配の時代ないし革命の時代になるところが多い。モンゴルの人々がチンギスハーンの名を自由に口に出せるようになったのは、私が以前に訪れた一九八九年頃からである。彼らは酒も好きだが、歌が好きだ。特に青年たちが歌い出すと、大合唱となって闇の中に響きわたった。ゴビでの仕事や生活は共同作業が多い。これを支えるのはお互いの信頼関係とチームワークである。みんなで歌う歌は、みんなの心をひとつにする。

学生時代に地質調査の合宿で、夜みんなで飲んでよく歌ったことを私は思い出した。そして、胸をはって合唱しているこの若者たちに、「チンギスハーンの兵士たち」という印象を強く受けた。

## イエロー・ゴビ

一五日、午前九時に朝食をとっていると、どこからともなく一人の男性が現れた。彼は、彼のバイクが数日前に故障したので、友人が来るのを待っていると言う。寝袋もなく食料もなく、彼はここ数日間、来るあても不確かな友人を草原のまん中で待っている。

日本人では考えられないほど、気の長い話である。やはり、モンゴルには時間がないようだ。ほとんどのモンゴル人は彼と同じである。ここまでの道中で会った、故障したトラックのタイヤをなおしている人たちも、同じ場所で何日もタイヤをなおしていたに違いない。

おんぼろの車しかなく、その上ガソリンもない。道もない。そんなことは最初からわかっている。彼らはどこでも寝ることもできるし、なんとか生きていける。ゲルの人々も親切である。彼らは、時間よりも空間と人の心を大切にする旅人なのだ。

我々は彼のバイクのバッテリーをチャージして、エンジンがかかるようにした。彼は奥さんを後ろに乗せて、喜んで去っていた。しかし、あのバイクのエンジンは、またすぐに止まってしまうだろうことは、我々の目には明らかだった。

南西に下り、ツォグトツェツィ村に入った。大地が黒い。村を通りすぎ、起伏のある黒っぽい大地を南へ行くと、露天掘りの炭鉱があった。フェンスに囲まれた入口で許可を受けて、中に入って見学した。

この付近には古生代ペルム紀（今から約三億年から二億五三〇〇万年前）の堆積岩がほぼ水平に広大な地域に分布している。その中に良質の石炭層が何枚もはさまれている。この炭鉱はその石炭層のほんの一部を掘っているにすぎないという。露天掘りされてトレンチもできているが、露天掘り炭鉱としてはそれほど広い範囲ではない。また、見える範囲でも二〜三台の重機しか動いていないし、ダンプも数台しかいない。

おそらく、石炭を掘り出しても搬出するための道路や鉄道がないため、良質で巨大な埋蔵量を持っているにもかかわらず、ほそぼそと稼働しているのだろう。石炭は黒光りしていて、持つと軽かった。

「最高のクッキングコールだ」

と、トゥメンバイヤーが言った。

ここを出て、車は山の中を南西に向かった。山地から平原盆地に出たところで、午後一時になったので昼食となった。いつものカップラーメンを食べたあと、トゥメンバイヤーはウッジードーといっしょに大きなタンクに入っていたガソリンを小さなタンクに入れ換え始めた。

タンクのパッキンが悪くて、ガソリンが漏れていると言う。モンゴルではこのような消耗部品が十分にないために苦労することがしばしばある。今度来るときには、日本からゴム板も持ってこなくてはならない。

ここから平原盆地を西に向かう。荒れた平原にはところどころ黄色いお花畑があった（図30）。道を何回か見失ったが、なんとか平原盆地の縁までさしかかった。峠には黄色とオレンジ色の花が咲いている。

「イエロー・ゴビ」

と、トゥメンバイヤーが言った。まさしく、黄色のゴビだ。

モンゴルでは秋のことを、「アルタン・ナマル（黄金の秋）」と呼ぶ。一年のうちで一番すごしやすく、実りの季節でもある。北部の山地では樹木が

図30　イエロー・ゴビのお花畑.

黄金色になり、ハンガイやゴビでは草原が黄金色になる。私は幸運にも、一番よい季節にモンゴルを訪れたのだった。

### ダランザドガド

天候は下り坂で、空は曇で覆われ、風も出てきた。峠を下っていくと電信柱が見えてきた。ダランザドガドは近い。

途中、ひとつのゲルがあり、その横に小さな風車が立っていた。南ゴビは風が強いので、これは家庭用風力発電装置だそうである。これでつくった電気で夜も明るく、ゲルの人はラジオやテレビも利用できるという。最近では、日本の企業が人工衛星を利用した長距離電話通信の実験をゴビで行ったという。電信柱にラクダがぶつかっただけで、町と町をつなぐ電話が長いあいだ不通になるゴビでは、ワイヤレスの方が有効である。

私は、トゥメンバイヤーに太陽電池を用いた家庭用太陽発電を提案した。ゴビでは曇天の日が少ないので風力よりも安定して電力を供給できると思ったのである。しかし、日本に帰っていろいろと聞いてみると、太陽電池のガラスの表面は傷つきやすく、ゴビのような砂混じりの風の強いところではすぐに発電能力が落ちてしまうという。

ゲルの住人が自然エネルギーを用いたポータブル発電器や、衛星回線を使ったテレビや電話を自由に使えるのはいつの日になるのだろうか。意外とその日は近いかもしれない。

イエロー・ゴビを西に進んだ。雲が厚くなり、雨が降ってきた。南側には白亜紀後期に噴出したという玄武岩溶岩の台地が見える。山道を通り、西に向かって下って行く。南ゴビの拠点の町、ダランザドガドが見えてきた。

町の南西の入口にガソリンスタンドがあったので、そこによってガソリンの給油をお願いする。ガソリンのチケットを持っているのに、分けてくれない。高い金額を要求されたが、しかたがないのでそれを支払い四〇リットルほど給油する。スタンドには、モンゴル観光公社ズールチンのバスが止まっていた。

町に入り、郵便局とホテルを探す。私が「地球の歩き方、モンゴル編九二年度版」を見て、彼に町の案内をする。

この町はウムヌゴビ（南ゴビ）県の県都で、空港もあり、夏には観光客も多い。観光客は外国人用のゲルのあるツーリストキャンプか、町に二つのあるホテルに泊まることになる。舗装された滑走路がない草原の空港に行く道の両側に、二つのホテルがある。ひとつはこの町の南西にそびえるゴルバンサイハン山地の名前のついた公立のホテルで、平屋で木造である。もうひとつは私立のデブシルホテル（本ではホリンホテルとなっていた）で、鉄筋四階建てである。

彼に本に書いてある宿泊料を言うと、

「今はインフレでそんな料金では泊まれない、この本は古いよ」

と、言われた。

結局、鉄筋四階建てのホテルに室がとれたので、ここに泊まることにした。

## モンゴル人の名前

ホテルに入った時刻は、すでに午後七時をすぎていた。サンペルガバは今晩から明日にかけてはオフ（休日）だということで、ホテルのレストランで簡単なスープを作ってもらい、夕食にした。

食事をしていると突然電灯を消された。室に戻ると室の電灯もつかない。しかし、備え付けのラジオは鳴っている。ウッジードーがクレームを言いに行き、室の電灯がついた。その晩は車の警備のために、サンペルガバが車に泊まった。

南ゴビの観光の拠点で唯一の鉄筋四階建てのホテルでも、シャワーのお湯は出ない。お客がいるにもかかわらず、レストランや室の電灯を消してしまう。それでいて、高い宿泊料金をとる。モンゴルの地方のホテルのサービスは一般にこんなものである。私はこの時、こんなホテルだったらキャンプの方がどれだけ気楽で、すごしやすいかしれないと思った。

この夜は室で、若い妻をもった夫が飲むというアルタン・カルノールという酒を飲みながら、ウッジードーとトゥメンバイヤーと語り合った。この時の話題のひとつに、モンゴル人の名前のことがあった。

私は、それまでモンゴル人の名前には姓、すなわち家族名がないことを知らなかった。たとえば、トゥメンバイヤーという名前は彼の名前であって、姓ではない。彼のパスポートには、バートリンという姓らしき名前が載っているが、これは便宜上父親の名前をつけているにすぎないという。結婚した男女は、今までと変わらずお互いの名で呼び合うが、新しい家族の名前を持たない。子供が生まれてもその子には名前があるだけであるという。モンゴルでは人口が少ないし、今までは交友関係も限られていたので、これで不便もなかったという。

これでは、江戸時代の日本と同じである。日本では明治になって、武士以外の人々にも姓を名のることが許された。考えてみると、モンゴルの地方の人々の生活を見ると、衣食住がほとんど自給自足で電気はなく、馬以外に交通手段がほとんどない。これは、江戸時代の日本人の生活と似ているようにも思える。

現在のモンゴルと日本との違いは、日本が明治時代以降に近代国家への道を選んだのに対して、モンゴルはそれまでの生活様式を継続してきたことにあると思われる。そのひとつの理由として、この国のきびしい自然環境の中では、自然を改造するよりも自然の中にとけ込んで生活するしかなかったことと、それが最善の方法だったということだろう。

# 第五章　恐竜化石を求めて

恐竜化石を求めて向かったアウグウランツァフ.

## ミンジン到達せず

一六日の朝は、南ゴビのダランザドガドのホテルでむかえた。空は晴れているが、風は強く体感温度は低い。シャワーのお湯が出ないので、水で頭の髪を洗い、髭も剃った。ホテルのレストランで四人そろって朝食をとった。昨晩車で寝たサンペルガバの話では、外はとても冷えたそうだ。

朝食を終えたころ、一人の日本人の青年がレストランに入って来た。彼は学生で、ゴビが見たくて一人でモンゴルに来たと言う。ウランバートルからは週二回ほどの飛行機の便があり、観光客はそれを利用してこの町を訪れる。

彼はこのホテルで知り会ったモンゴルの青年と、今日ヨーリンアム（鷲の谷）までサイクリングすると言う。ヨーリンアムはダランザドガドの南約七〇キロメートルにあるゴルバンサイハン山地の渓谷で、夏でも雪渓が見られるところである。ヨーリンアムまでサイクリングとはいかにもモンゴル的である。

午前中、トゥメンバイヤーはウランバートルに電話連絡をとることに成功した。我々はミンジン教授を待つあいだ、ホテルのすぐ近くにある博物館を見学した。そこは中国風の二階建ての小さな建物で、前庭には珪化木が置かれ、「世界人類が平和でありますように」という日本語で書かれた柱まであった。入口にいた中年の女性が博物館の中を案内してくれた。ちょうど行き会ったアメリカ人の女性とそのガイドとともに、私たちは見学した。

一階はゴビの自然がテーマで、気候や地質、動植物の展示があり、恐竜の化石もいくつか置かれていた。二階は、歴史や民族、仏教関係の展示があった。写真を撮ろうとしたアメリカ人の女性は撮影料を聞いて、それがあまりに高額なので怒っていた。

博物館を出て、買物をしようと店に入るが、食料品がほとんどない。ホテルに帰る道すがら博物館の前を通ると、博物館はすでに閉まっていた。

ホテルに帰ってミンジンを待つあいだ、私は英文で書かれたポーランド―モンゴル恐竜発掘調査隊の調査報告書を読むことにした。この報告書には、これから訪れるバヤンザクや今回はあきらめたネメグト盆地の地質や化石の詳細な記載がなされている。ポーランド隊のすばらしい記載に感動しつつ、私はこれを集中して理解することができた。

午後三時までミンジンを待って、来なかったら我々だけで出発する予定にした。三時をすぎたころに、トゥメンバイヤーがミンジンからの手紙を握りしめて室に入って来た。郵便局に届けられたその手紙によると、トラック一台で調査中のミンジン隊はここの三百キロ手前のところでトラックが故障して、結局我々と合流することが不可能になったという。

ミンジン隊と楽しい旅ができると期待していた私はがっかりした。しかし、ミンジンは恐竜化石産地についてのメモを同封してくれていたので、これを参考にして我々は独自でこれからの予定を立てることにした。そして、午後四時前にホテルを出て、この町の北東にあるツォズムオボーという村に向かった。

## ラジオジャパン

ゴルバンサイハン山地の東端の北側にあるダランザドガドから盆地を越えて、その北側の山地の東側の縁を通り、北東に向かう。その間、電信柱沿いの道を通って行く。そして山から平原盆地に出る。

　馬とラクダがいる。そろそろビールタイムなので、キャンプ地を探す。少し風がある。午後六時半にキャンプ地を決めた。目的の村の手前三〇キロのところである。この付近には、バインシレ層の礫岩層が出ていた。

　午後八時ころから始まった夕食は、いつもと同じ肉入りの野菜スープにご飯とパンである。つけ合せにキュウリやトマト、麺、缶詰などがテントの中の食卓を飾る（図31）。アルミのボールいっぱいに注がれた熱いスープをさましながら少しいただき、ご飯や麺をその中に入れて食べる。したがって食器はひとつですむ。空気が乾燥しているので、パンはカビないかわりにコチコチに硬い。食事のあとは紅茶が出るが、そのままアルヒ（ウォッカ）かまたはシミンアルヒで晩酌が始まる。男連中が飲みながら話をしている間に、サンペルガバは食器を洗い、片付けをする。

図31　キャンプでの食事のようす.

彼女は鍋に湯を入れて、その中に食器をつけ油を落す。そのあと水を注ぎ洗剤を少し入れて、その水ですべてを洗う。最後に私の持ってきたウェットティッシュできれいに食器をふく。ウェットティッシュは彼女にはたいへん重宝がられた。食事の支度は、彼らの用意したソ連軍の小型ストーブと私の持ってきたコールマンのコンパクトストーブで、湯を沸かしたりスープを煮たりした。コールマンのストーブは、彼らの言うハイオクガソリンで使用可能で、ソ連製の故障するストーブより調子が良かった。

一日の生活に必要な水は、スープやお茶、それに食器を洗うのに使うだけで、それほど多くない。一〇リットルの水はおそらく二~三日分になるだろう。これまでの行程では少なくも二日に一回は井戸で水の補給ができたので、水にはまったく困らなかった。また、飲料用にはミネラルウォーターやジュース、ビールでほとんど事足りていた。私自身が洗顔や歯を磨くための水は、前の日の朝にサンペルガバに頼んでポットに入れておいた余り湯を使っていた。

夕食のころになると風がなくなった。酒を飲みはじめるころになるとまわりはまっ暗になり、冷えてきた。テントは電池ランタンで明るく、東の空には月が出ている。ウッジードーが電池ランタンを見ながら、

「モンゴルの冬は寒く、特に二月には羊の出産がある。夜中に産み落とされた羊の赤ちゃんはそのままだと死んでしまうので、夜中に見張りに出る。そんな時には懐中電灯がないとたいへん苦労する。こんな明るいランタンがあればみんな助かるのに」

と、語った。

トゥメンバイヤーはラジオを出してきて、ニュースを聞きはじめた。ロシアや北朝鮮の情勢

をやっているらしい。モンゴルはロシアと中国にはさまれた国で、ロシア情勢によって国内の生活が大きく左右されるので真剣である。私も自分のラジオを出して、ラジオジャパンの短波放送にセットした。

ラジオジャパンではニュースではなく、西武―オリックスの野球中継をやっていた。日本は変わりないということと、日本はとても平和な国だということを痛感した。

## ズーンバヤンとバルンバヤン

一七日はツォズムオボー村に行き、トゥメンバイヤーの友人のソガラ氏の家を訪ねた。彼の奥さんに会えたが、あいにく彼はゲルに行っていて不在だった。我々は彼に、これから我々の行く地域のことについて詳しく聞こうと思っていたが、かなわなかった。というもの、ミンジンのメモには、「この地域は道がないので、入ることがむずかしい」と書いてあった。そのため、この地域に詳しいソガラ氏をあてにしていたのだった。奥さんに簡単な地図を描いてもらって、私たちは西へ向けて出発した。

我々の正面に、二つの低い山なみが見えてきた。右手前側がズーンバヤン（東バヤン）で、左奥側がバルンバヤン（西バヤン）である。

車は、赤い岩肌のズーンバヤンに近づいて行った。赤い砂岩層が水平に重なり、手前側は幾重にもギャップができている。この地層は、バルンバヤン層にあたる。礫岩層も薄くはさまれ、含まれる緑の礫は玄武岩である。砂岩からは恐竜の骨やカメの化石などが発見されているという。

図32　バルンバヤンの崖から見た赤い砂岩の地層とゴビの地平線.

見渡せる崖の部分だけで五キロほどだろうか。荒涼とした崖の中に少し足を踏み入れ、地層の観察と化石の探査を簡単にした程度で、次のバルンバヤンに向かった。

うす曇りの中、簡単に昼食をすませ、まばらに草のある台地の上にあがり、バルンバヤンの崖の上に出た。ここには深い谷がいくつも入り、崖の下には先ほどと同じ赤い砂岩層が水平に重なる地層が露出していた（図32）。谷底までは五〇メートルはあるだろうか。崖にはセメントのように固まった砂岩層や礫岩層が何枚も突き出して、その間には白い砂岩層も見られる。砂岩層にはゆるく斜めに傾いた層が何枚もはさまれていた。

崖を降りながら地層を観察する。恐竜の化石がないかと気をつけて見るが、なかなか見つからない。硬い砂岩層の間の地層は、どちらかというと粘土岩に近いが、中には小石が少し含まれている。この地層は洪水などのときに川の氾濫原のような場所に流されてきた土砂がたまったものかもしれない。ここの地層には斜めに傾いた層が幾重にも重なっていることから、地層全体が川の扇状地のような場所にたまった可能性がある。

一本の谷を降りて谷底をさまよい、別の崖を登って車のところに戻って来た。谷底からだとどこも同じ景色で、自分がどこにいるかわからなくなった。崖の上にあがると、両側にもさらに同じような谷が何本も見える。ここから見える崖の長さだけでも一〇キロはあるだろうか。とうてい一人では歯がたたない。

「次の場所はここよりももっと広くて、恐竜の化石も期待できる」

と、トゥメンバイヤーが言って、もっとゆっくり地層を見ようとしていた私を急がせた。

**ソガラ氏**

ソ連隊やポーランド隊が車で到達できなかったという、アラグウランツァフへ向かう。西に見えている赤い山地（ウラン山）が目的地である。山地前面の麓が広域にラクダのコブ状に激しいギャップになっていて、車で近づくことができない。

この山の手前にゲルがあったので、そこで山への行き方を聞くが、はっきりしたことがわからない。ただそこの老人は、

「山に近づきすぎないほうがよい」

とだけ、忠告してくれた。

空の雲が晴れ、快晴になった。我々は山の南側を迂回しながら、小さな湖に沿って低木の多

い荒れ地を進み、山地に近づいて行った。砂に埋まった川の跡で、ニバの右後輪が砂にはまってスタックした。タイヤに板をかませて、ウッジードーと私が後部のバンバーに乗ってやっとのことで深い砂から抜け出した。

山に近づくと、そこにはギャップの深い罠が大きく口を開いて待ち受けていた。そのギャップの中に一度入り込んだら抜け出せない。ギャップをさけて進むが、時間の割に前進しない。午後六時、我々は少し後退して、これからどうしようかと途方にくれていた。その時、トゥメンバイヤーが、谷を越えた南側の尾根に白い馬に乗った一人の牧人を発見した。

「ソガラだ！」

と、トゥメンバイヤーは叫んで、ジャンバーを脱いで、それを振って遠くの牧人に合図した。急いで車で谷を降りて、南側の尾根に登り、その牧人のところに行った。ソガラ氏は、背の高い厳強な体つきで勇敢な顔立ちをした人だった。

トゥメンバイヤーと彼は、手にキスをし合い、嗅ぎ煙草の交換をして九年ぶりの再会を喜び合った。彼は、我々を目的地まで案内して、さらに恐竜化石のある場所を教えてくれると言う。ただ、外国人には彼らの発見した最もすばらしい化石のありかを教えられないと言う。私は合意した。

我々は夕日の中、彼の二頭のラクダに先導してもらい、山地を北に見ながら西に向かった。しばらく行くと、夕日に照らされた赤い山地の南側の草原に二つのゲルが見えてきた。このゲルは彼の姉のゲルで、今晩はここでキャンプすることになった。

夕食後、我々は全員でゲルを訪問した。このゲルは直径が四メートルほどの夏用のもので、

図 33　ソガラ氏（中央）とその姉妹とその子供たちとともに楽しい時間をすごした．右端がウッジードーでその横がサンペルガバ，左端は筆者．

ソガラ氏の姉妹とその子供たちも集まって夜遅くまで楽しい酒宴がつづいた（図33）。

私はソガラ氏にモンゴルのジャンケンを教えてもらった。親指は人差し指に勝つが小指に負け、小指は親指に勝つが薬指に負けるというもので、指の順番で勝負がつく。二人で声を出して指を出し合う。負けた人は酒を飲まされるので、慣れていない私には不利だった。そこで私は、彼らに日本のジャンケンを教えた。ソガラ氏は喜んで、「ジャンケン、ポイ！」を、連発した。

**ウラン山**

次の日は、朝から快晴だった（口絵4）。トゥメンバイヤーは再会の酒宴のために、ひどい二日酔いらしい。

今日はいよいよ赤い山と呼ばれるウランウラに挑戦である。午前一〇時に出発準備ができていたが、ポラロイドの記念撮影のために着替えをしたり家族を呼んだりで、一一時前にようやく出発できた。トゥメンバイヤーに言わせれば、これもモンゴルではカスタム（慣習）らしい。ジープにソガラ氏を乗せて、西に走り、砂で埋まった大きな川の跡を北に上がる。前方の丘にゲルが見える。このゲルはソガラ氏の奥さんのお父さんジャミアンさんと弟さんのトーラさんものだった。

このゲルのすぐ北にそびえるウラン山の案内人として、お父さんと弟さんがこのゲルからジープに同乗してきた。我々の調査隊はいっきに七人となった。

「大調査隊になった」

と、トゥメンバイヤーが言った。

川の跡をさらに上流に入り、山の麓にわけ入って行く。川の幅はだんだんと狭くなり、川岸に赤い砂岩の崖が迫ってくる。そして二台の車は赤い砂岩の山の斜面を登り始め、低い尾根をいくつも越えて行った。そして、我々はとうとうウラン山の奥深くまで入ることができた。

アルヒを天と地に捧げて、みんなで乾杯をした。そして案内のトーラさんのあとについて、赤い砂岩の斜面を登り始めた。この山の高さは平原から二百メートル以上はあり、その高さの地層断面がどこでもすべて観察できる。尾根に出て、最も高い頂まで登る（図34）。そこには石を積んだオボーがあった。よく見るとその中には恐竜の骨や卵の化石が積んであった。

山頂からは山地の全体やまわりの平原、さらに遠くの山々が遠望できる（口絵5）。この山地は、幅二〇キロメートルで長さが六〇キロメートルはあるだろうか、なんと広いことか。

図 34　ウラン山の頂上でトウメンバイヤーと.

赤い岩肌の山地が草原の中に広大に露出している。近くのゲルに住む彼らは、彼らの家畜を探すためにこの山によく登るそうで、この山やその周辺の平原はすべて彼らのテリトリーだと言う。

遊牧民とはいっても、彼らはそれぞれ彼らのテリトリーをもっている。夏はよりよい草を求めてテリトリーの中で放牧地を転々とかえるが、冬の居住地はほぼ固定しているらしい。厳しい冬が来るまでに彼らは、家畜を十分に太らせることと同時に、燃料となる乾燥糞を十分に備蓄しなければならないのである。

しばらく雄大な風景に見とれていたが、恐竜化石を見つけに北側の谷を下り始めた。斜面のところで、崩れた土砂の表面に埋もれて骨化石の破片を見つけた。そこから何段か降りたテラスでは、斜めに傾いて重なる細かな小石からなる地層の

図 35　恐竜の卵の化石.

中に五〇センチメートルくらいの長さの大腿骨の化石（口絵 6）と、そのすぐそばに直径が一〇センチメートルほどの球形の卵の化石（図 35）を発見した。さらにその付近をよく探すと、球形の卵の化石がいくつも集まっていた。

斜めに傾いて重なる地層は強い水の流れで土砂が埋まる時にできるもので、その中に卵の化石が集まっていることは、卵が小石や砂とともに水流に流されて集められたのだろうか。卵は砂や小石とともに流されてなぜ、割れなかったのだろうか。それとも卵の化石が密集するのは、扇状地の上に恐竜が卵を産みつけたのだろうか。私の頭の中を疑問がかけ廻っていく。

疑問を残したまま、我々はさらに谷合に降りて行った。そして、下ったり登ったりしながら化石を探した。我々はその

図 36　ウラン山の地層の断面．上の砂岩層が斜めに傾いている．

ほかにも化石をいくつか発見したものの、それが彼らのテリトリーのものでもあり、また公式に許可をとっていないため、写真は撮ったが発掘して採集することはしなかった。

赤い砂岩層は、バルンバヤンやズーンバヤンで見た地層と同じで、バルンバヤン層にあたり、地層の特徴もそれらとほぼ同じであった。赤い砂岩層や粘土岩層からなる地層の崖には、コンクリートのように固くなった砂岩層や礫岩層の薄い層が何枚も突き出していた。これらの地層は全体としてゆるく斜めに傾いて重なっていた（図 36）。

谷に降りたり山に登ったりしていたら、車を止めたところがわからなくなってしまった。私はウッジードーといっしょだったが、他のメンバーとはとっくにはぐれてしまった。二人であちこちの尾根を歩いて、なんとか車のあるところまで戻ることができた。

車のところで待っていたサンペルガバが、我々にすぐに昼食のカップラーメンを用意してくれた。時間はすでに午後四時をまわっていた。

## 病院のないゴビ

午後五時に、朝に訪問したジャミアンさんのゲルに戻ってきた。女たちが馬の乳をしぼっている。それぞれの子馬を母馬の近くに寄せて、子馬がまるで乳を飲んでいるかのように母馬に思わせて乳をしぼる。

アーロール（干しチーズ）を作っているそばでは、二才くらいの女の子が鼻をたらしながら裸で遊んでいた（図37）。モンゴルでは子供たちを寒さになれさせるために夏にあまり服を着せないらしい。お世話になった彼ら家族に、ポラロイド写真をプレゼントして、そこを去った。

行きに通った川の跡を下ると、一〇〇頭ものラクダの大群がいた。岩場をぬけて南南西へ進み、灰色の砂岩の丘を登ると、南側に玄武岩の溶岩台地が見えた。西へ少し行くと、井戸があり、白い石を積んでつくった石囲いがあった。ここはソガラ氏の夏のキャンプ地で、この石囲いの中はソガラ氏の畑で、そこではキュウリやトマトがつくられていた。石囲いに積まれた白い石は流紋岩の溶岩で、石英の結晶がたくさん入っているのが見えた。ここではキュウリとトマトをもらった。

西へ向かうとゲルがあり、そのゲルを訪問した。それは、ソガラ氏の義理の兄のゲルで、主

図 37　. アーロールをつくる桶と裸で遊ぶ子.

人は床に寝ていた。彼は、数日前に岩場で落馬して肋骨を何本か骨折したという。病院も救急車もないゴビでは、病気や怪我は致命傷になる場合がある。

彼は痛さをこらえて体を起こし、我々を歓迎してくれた。しかし、その姿は痛々しかった。病院のないゴビでは、骨折などのケガはもちろんだが、特に子供が病気になった時にはさぞかしたいへんだろうと私は思った。このことは、ここに住む人たちの宿命なのだろうか。もし町や村にしっかりとした病院があり、ゲルに電話か無線があれば、そして救急ヘリコプターがあれば、この問題は解決しないだろうか。

午後七時すぎに、流紋岩の溶岩と白い凝灰岩が露出している崖を見学した。この地層はツァガンツァフ層に相当する（図 38）。ツァガンツァフ層は東ゴビで

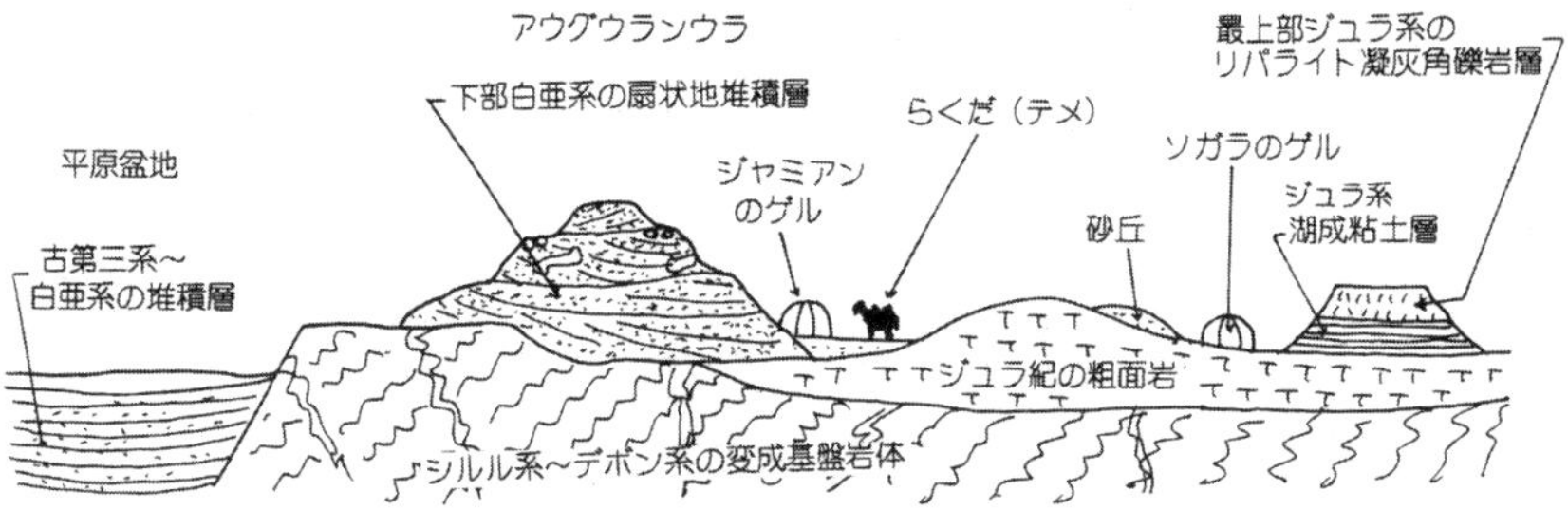


図 38　南ゴビのウラン山のバルンバヤン層とツァガンツァフ層の分布を示す地質断面．流紋岩の溶岩と白い凝灰岩が露出している崖は，ソガラ氏のゲルの右側に書かれている山にあたる．

は玄武岩の溶岩と白色凝灰岩だったが、南ゴビでは主に玄武岩と流紋岩やリパライトの溶岩と、白色凝灰岩の組み合せになる。トゥメンバイヤーは、ここからリチウムを多く含む凝灰岩を以前に発見したと言い、崖に登ってその凝灰岩の岩片を私のために採って来てくれた。

空にはすでに月が昇っている。今日は仲秋の名月である。

## 羊の解体

日没近くに、ソガラ氏の母親のゲルに着いた。玄武岩の岩場の東側に二つのゲルと石囲いがある。周囲には羊の群れとラクダがいる。

ゲルの横では女たちによってすでに羊の解体が始められていた。羊は皮を剥され、しかし血は一滴も地面に落とさずに解体される。彼らは大地を血で汚すことを極端に嫌う。

ゲルで生活する人たちにとって、訪問客はめったにない。そのため、我々のような訪問客には最大の歓迎をしてくれる。その歓迎の形のひとつが羊料理である。我々は彼らのゲルの近くにテントをはり終えて、ゲルを訪問した。

ゲルにはソガラ氏のお母さん、弟夫婦とその赤ちゃん、中学生くらいの男の子と女の子、八才くらいの女の子に、赤い帽子をかぶった高校生くらいの少年がいた。赤ちゃんは布団にくるまれ縛られて寝ていた。このスタイルはオルギーといい、モンゴルでは赤ちゃんはこのように動かないようにして寝かされるという。

ゲルの壁には馬の皮でつくられた大きな袋がかかっていて、中学生くらいの女の子がそれを木の櫂で時々撹拌している。その袋の中には馬のミルクが入れられ、アイラグという馬乳酒がつくられる。彼女が撹拌していたのは、ミルクの発酵を促進させるためであり、この作業は時々だが、休むことなく続けられる。

我々はゲルでの慣習にのっとり、まずアイラグ、スーティーツァイ(モンゴル風ミルク紅茶)、シミンアルヒを飲み、ボーズやアーロール、ウルムをいただいた。

羊はすべて煮て料理される。もうひとつのゲルで女たちが肉をかまどで煮ていた。モンゴルでは肉は決して焼かないし、香辛料も使わない。魚や鶏の肉、玉子は食べない。それとあまり知られていないと思うが、モンゴルの人は家畜のミルクを生では飲まない。必ずお茶と混ぜて熱して飲み、またはアイラグやシミンアルヒとして飲み、チーズやクリームなどの乳製品にして食べる。家畜といっても、牛やヤク、馬、羊、ヤギ、ラクダなどあり、それぞれのミルクや肉でそれぞれの用途にあわせて食品がつくられているらしい。

ボイルされた内臓ができあがった。大きなアルミのタライに入った肝臓や腸などが、私の前に差し出された。私は恐るおそるナイフで肝臓と腸を少し切って、口の中にほうり込んだ。腸は羊の血が入れられてソーセージのようになっている。あまり気持ちのいいものではなかったので味わう余裕はなかった。

少したって、リブ（肋骨の肉）が出てきた。これはハビラガという。これならばなんとかなる。安心して、一本とってナイフで削ぎながら味わいながら食べた。夏の時期にはあまり羊は食べないらしく、久しぶりのご馳走に子供たちは目の色をかえてうれしそうに肉をほおばっていた。

赤い帽子の少年が歌を歌い出した。家族と訪問者で交互に歌を歌って、歌合戦が始まった。つぎに、昨日と同じくジャンケン大会となり、モンゴル・ジャンケンとそれにつづいて日本のジャンケンで楽しんだ。いっしょにわいわいと楽しんでいる私を見て、ソガラ氏のお母さんが、

「日本人もモンゴル人も区別がつかないね」

と、言った。トゥメンバイヤーは、

「彼はゴビに来て、モンゴル人に変わってしまった」

と、言った。私は、

「私はもともとモンゴロイドで、子供のころにはりっぱなブルースタンプ（蒙古斑）も持っていた」

と、言った。

**砂漠**

一夜あけて、天気は快晴だが、少し風があった。昨晩の羊の余りのリブの生肉をおみやげにいただき、ポラロイドで記念撮影をして、お世話になったソガラ氏やゲルの家族（図39）と別れた。

図 39　ソガラ氏のお母さん（中央）の家族.

午前一一時、我々は南西へ進み、恐竜化石産地として有名なバヤンザクを目指した。

車はピンクのジュウタンのような花畑のゴビを通り、家が数軒建ち並ぶ村に入った。しかし、人はいなかった。まるでゴーストタウンである。モンゴル人は家に住むことを嫌い、みなゲルに住んで移動する。近くにあったゲルで道を聞き、西に向かう。今度はイエロー・ゴビの中を進み、山を登る。

山から下って来ると、地面に直径三〇メートルほどの穴のあいたところがあった。金鉱山が近くにあるらしいので、北側の黒い岩が出ている山地に入って行った。山では試掘用のボーリングの機械が稼働していて、白い石英の岩片が積まれていた。青いシャツを着た警察官もいたので、ここでは車から降りることなく通過した。

　また、草原に戻り南西に向かうと、ゲルを新築しているところに出会った。この季節は、ちょうどゲルの新築の時期にあたっていて、前に遭遇したフェルトづくりもそのためである。真新しいハナ（材木を格子状に組んだ骨組み）でゲルの骨格が組み立てられ、それぞれのつなぎ目に赤い紐がかけられていた。

　さらに進むと、花崗岩が丸く頭を出している草原に羊の群れがいた。それを世話する牧人にバヤンザクまでの道を尋ねると、その道はとても複雑だと言う。そして、彼らは我々にバヤンザクまでの道案内人を紹介してくれた。

　道の案内人はバヤンザクの近くに住む獣医で、ちょうどこの近くに往診に来ていた。彼は彼のゲルに帰るので、我々の車に乗って彼のゲルまで案内をしてくれると言う。さっそく彼をジープに乗せて、起伏のあるゴビを全速力で南下した。

　山地から平原に出たところで、半月形のサンド・デューン（砂丘）がいくつもある砂漠に出た。ゴビの上に、高さが一〇メートルで幅一〇〇メートルほどの砂丘がいくつもあった（口絵7）。砂丘の上には、さらさらした砂がきれいな風紋をつくっていた。

　我々ははしゃいで砂丘に登り、風紋の上を歩いたり、ころげ回ったりした。砂丘は、長い時間をかけてゴビの上を風によってだんだんと移動していく。ゴビの南では幅が二〇〇キロメートルもある砂丘があるという。トゥメンバイヤーは、若い頃に無茶をしてそんな大きな砂丘の中に車で入ってしまい、進むことも戻ることもできなくなったという話を私にしてくれた。

　砂丘の南にあるゲルで獣医さんを降ろし、我々はバヤンザクの東にあるハシャットという白亜紀と古第三紀の地層の境界が見られるところに向かった。

## 大国の独善主義

時間はすでに午後三時近かった。平原の南の縁で、赤い砂岩層の低い崖があるところで昼食にした。その崖の幅は二キロメートルほどで高さは二〇メートルくらいあり、西側の上部には礫を含む白色の粘土質の砂岩層が重なっていた。

昼食は、朝もらったハビラガ（リブ）を煮ておかずにした。私がナイフを上手に使って肉を削ぎながら食べるようすを見て、

「君はこの旅で、本当のモンゴル人になったね」

と、トゥメンバイヤーがしげしげと言った。

トゥメンバイヤーは、金属鉱床探査のためにロシアの地質学者と共同で調査をすることが多かった。その時にロシア人は、ゲルの人から羊を買うことをせずに、野生動物を銃で殺して食料とした。野生動物を殺すことは、モンゴル人にとっては苦痛であるにもかかわらず、それをまったく理解しなかった。また、彼らは私のようにモンゴル人と同じに床に座ることは絶対にせず、椅子やテーブルを用意させて食事をする。そして、恐竜化石をはじめ採集した研究資料については、彼らが独占することが多く、また自国に持っていってモンゴルには返ってこない場合が多かったという。

モンゴル人とロシア人の生活習慣の違いはたいへんに大きい。それにもかかわらず、ロシア人は絶対にモンゴル人に合わせることはしない。東洋人と西洋人の考え方や習慣、それに西洋

人のもつ独善主義・覇権主義・植民地主義の現れとして、モンゴルでのロシアの調査隊の行動は象徴的なひとつの例だと私は思った。

モンゴルの人々は、中国人に対しても西洋人と同様の、いやそれ以上の嫌悪感をもっている。中国人とモンゴル人の生活様式は日本人にとって一見似ているように思われがちだが、農耕の民の中国人と遊牧の民のモンゴル人では生活様式から考え方までまったく正反対なのである。それに中国は内モンゴルなどモンゴル民族の地を奪い、一時期モンゴルを支配していた国でもある。さらに現在では、モンゴルが国を開いたために、多くの中国人の不法侵入者が増加しているらしい。

モンゴル高原が中国（当時の清朝）の支配下に入ったのは一七世紀後半であったが、中国人が本格的にこの地に入って来たのは、一八世紀になってからであると言われる。そのころ、帝政ロシアがモンゴル高原の北側まで侵入していて、一七二七年に清朝とロシアで通商条約が交わされた。それによって、清国の商人がモンゴル高原を舞台に活動を活発に始めた。それまで貨幣を知らなかった純朴な遊牧の民は、その後の流通経済の仕組みの中で多くが破産し奴隷となっていった。

一九一一年の辛亥革命によって清王朝が滅んだ時に、モンゴル人は帝政ロシアを頼って独立を宣言した。しかし、内モンゴルをも含めた「大モンゴル国」の独立は、ロシアと中国という大国の駆け引きの中で黙殺されて、結局、外モンゴルに限って中国の宗主権下での自治が認められたにすぎなかった。その数年後、頼りにしていた帝政ロシアが革命によって倒れ、そのどさくさの中、中国が再びモンゴルの統治権を手に入れようとした。モンゴル人は自らの国を中国人に支配されることを嫌い、それから逃れるために北のソ連に援助を求めた。そして、一九二四年にモンゴル人民共和国という社会主義国家が誕生した。独立宣言から国家誕生までには多くの血が流され、国家誕生後もそれは続いた。

### 炎の崖

台地の北の縁を西に向かい、ハシャットと思われる付近にゲルがあったので、露頭の位置を聞いたがはっきりしなかった。ハシャットの露頭は斜面のところどころに地層が露出しているだけで、大きな崖はつくっていなかった。谷あいを車で降りて、その付近をあちこち探したが十分な成果はなかった。

その谷の川の跡を北西に下って行けば、バヤンザクの南側に出る。午後六時、まだ日没には時間があった。我々はバヤンザクの南に向かった。

恐竜に興味のある人だったら、一度は聞いたことがあると思う「フレイミング・クリフ（「炎の崖」ないしは「燃える崖」）」は、バヤンザクの南にある。バヤンザクとは、ザク（ゴビに生えるある種類の木）のたくさん茂るところという意味で、この付近のゴビのオアシスにあたる。このバヤンザクの南側の平原盆地の縁に白亜紀後期の地層が露出する台地があり、その台地の北縁には高さ五〇メートル、全長一〇キロにわたる西北西―東南東方向の崖群がある。そして、その中央に北側に突きだした高い崖群がある。これを、一九二二年にここを初めて調査したアメリカ隊が、「The Flaming Cliffs」と呼んだ。

インディー・ジョウンズのモデルといわれるロイ・チャップマン・アンドリュースが率いる

アメリカ自然史博物館中央アジア探検隊は、この年にこの崖でプロトケラトプスの骨格化石や卵の巣の化石を発見した。特に、卵の巣の化石は世界ではじめての発見であり、世界的にセンセーションを巻き起こした。それ以後、ここではアメリカ隊はもちろんのこと、ソ連隊やポーランド—モンゴル隊などによって大規模な発掘調査が行われ、多量の化石が発見されてきた。

私は、以前から「炎の崖」をこの目で見たかった。いろいろな本でこの崖のことを読んでいて、自分の中にこの崖のイメージがどんどんと膨らんでいった。

我々は位置を確認しながら進み、午後六時半に炎の崖の西側にたどり着いた。夕日に照らされて崖が真っ赤に燃える日没前にここに到着するという、私の望みはかなえられた。しかし、うすい褐色の砂岩の崖は夕日に照らされていても、これまで見てきた白亜紀後期の地層の赤い崖ほど赤くはなかった。ただしこの崖群の印象は、西部劇にでてくるテーブル・マウンテン同様の雄姿で、私の想像していたものと一致した（口絵8・図40）。そして、バヤンザクの炎の崖といわれる砦岩を含む台地の北縁の北側には、広大なゴビが広がっていた。

「ついに炎の崖に来たぞ！」

と、私は叫んだ。

太陽が厚い雲にかくれ、風も強く、日没までにそれほど時間がなかった。我々は、炎の崖の一キロメートルほど東側に戻り、風をよけるような場所を探してテントを張ることにした。テントを張り終えて西の空を見ると、厚い雲の下に太陽が再び顔を出して、台地の上に沈もうとしていた。

「まさか！」

図 40　バヤンザクの炎の崖といわれる砦岩を含む台地の北縁の崖群.

と、私は思い、カメラを持って炎の崖に向かって夢中で走りだした。

崖の西側に私が着いた時、太陽は台地の西に沈む直前だった。私は振り向いて砦岩の崖を見上げた。そこにはまさに「赤く燃える崖」があった（口絵 9）。

炎の崖はほぼ東西の崖群から北側に突き出しているために、日没寸前の太陽の光がちょうどスポットライトのようにこの崖だけにあたる。そのために、この崖だけがうす暗い中に赤く輝いて見える。

「これが炎の崖だ！」

私は、感動した。そして、その光が崖から消えるまで崖を見つめていた。

まっ暗になって岩のごつごつしている岩場を、迷いながら一人でキャンプまで戻って行った。トゥメンバイヤーたちは私の帰りが遅いので心配していた。食事をして、ソガラ氏にもらったシミンアルヒで静かな夜を楽しんだ。今晩はノンアルコール・デイにしようと言っていたが、我々調査隊員のその決意はきわめてもろいものだった。

「今晩は恐竜の夢を見るよ」

と彼らに言って、私は自分のテントに入った。

## 恐竜の絶滅

バヤンザクの南にある台地のこの高さ五〇メートルの崖には、やや南側に傾斜して砂岩層が重なっている。崖の上部には二〜三枚の薄い石灰質な層や礫岩層があり、中部には層に分かれていない厚い一枚の砂岩層がある。そして崖の下部には、でたらめにセメントで固められたようなごつごつした砂岩層があり、その下には拳ほどの大きさの硬い砂のかたまり（石灰質ノジュール）を含む砂岩層がある。下部のごつごつした砂岩層からは卵の巣の化石が発見されているし、その下の砂岩層からはプロトケラトプスやピナコサウルスなどの恐竜化石が発見されている。また、この砂岩層に含まれる石灰質ノジュールからはしばしば小型の原始哺乳類の化石が発見されるという（図41）。我々のキャンプ地は、ちょうどその下部の砂岩層の上だった。

これらの砂岩層は一般にバヤンザク層と呼ばれ、バインシレ層の上位に置かれるが、地質時代については白亜紀後期ということが確かなものの、研究者によっていろいろと意見が異なっているらしい。バヤンザク層など白亜紀後期の地層はほとんどが砂岩層からなるため、白亜紀前期の地層のように白色凝灰岩や緑色粘土岩などの岩質によってその地質時代を決めることができるものと違い、区別することが難しい。また、それらの地層はところどころに離れて露

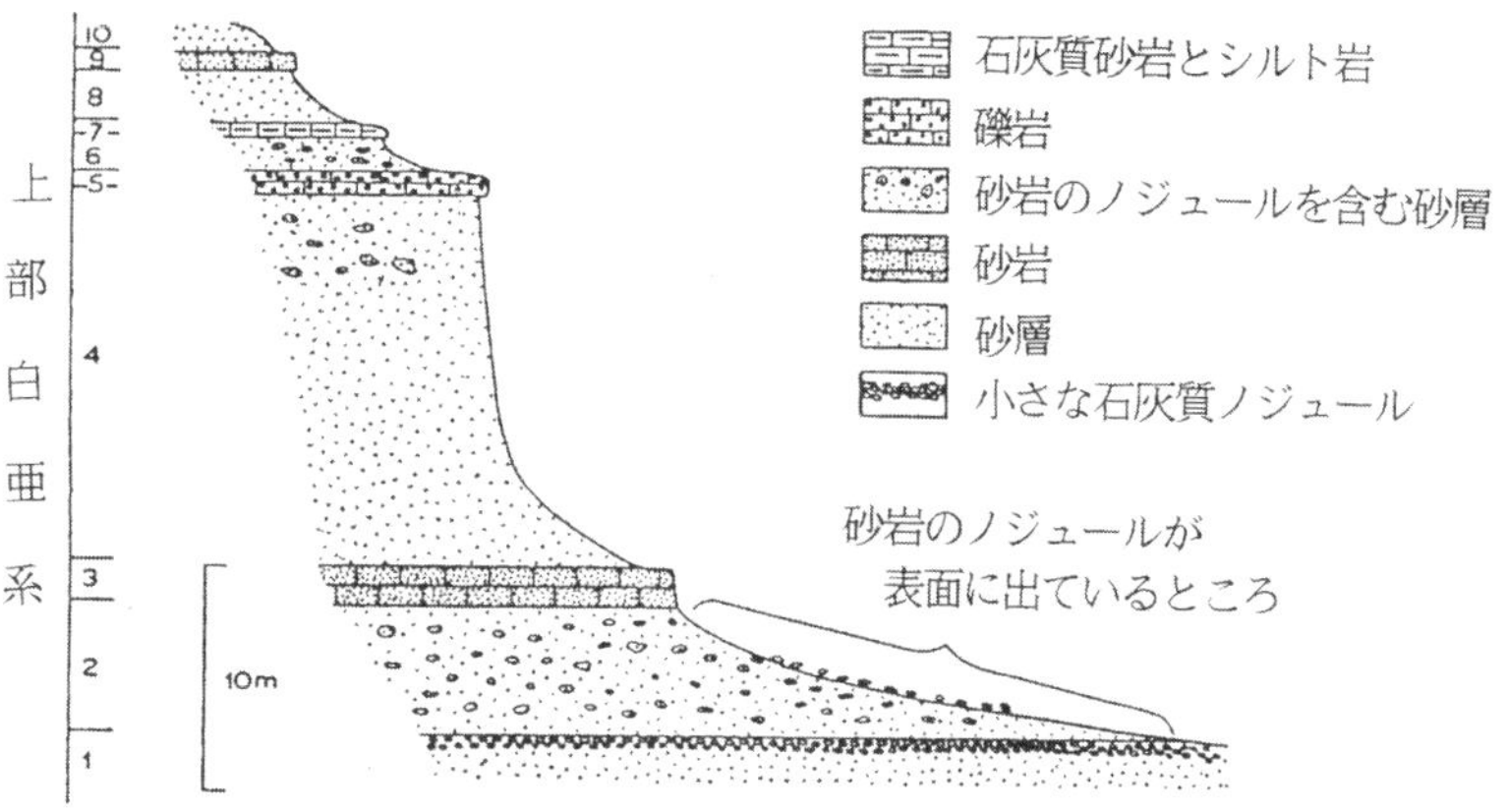


図41　バヤンザクの炎の崖の地質断面（グレジンスキーほか, 1968より）. 2の地層からプロトケラトプスなどの恐竜と原始哺乳類の化石が, 3と4の地層の最上部からは卵の巣の化石が発見されている.

出するため、地層同士の水平方向の連続性と上下の関係がはっきりとはわからない。そのため、白亜紀後期の地層は、地層から発見される恐竜化石によって区別されて、上下関係が決定されている。すなわち、プロトケラトプスが発見されれば、その地層はバヤンザク層と同じであり、タルボサウルスが発見されれば白亜紀の最上位層であるネメグト層ということになる。

二〇日の午前中にキャンプ地付近や炎の崖で、地層の観察記載や化石の探査をした。下部の砂岩層には水辺の生物の巣穴と思われる砂管が密集しているようすが見られた。炎の崖の下では、昔の発掘隊の残していった空きビンや空き缶の山を発見した。彼らの活躍によって、すでにここでは化石が取りつくされてしまったのか、短い時間で恐竜の化石を発見することが私にはできなかった（注6）。

炎の崖で化石を探していると、トゥメンバイヤーが私に恐竜の絶滅の原因について尋ねてきた。私は、私の師である星野通平教授の説を紹介した。

その説は、「恐竜は他の爬虫類同様に新生代に生き残った哺乳類や鳥類にくらべて循環器系が弱く、白亜紀後期に特に活発になった火山活動の結果、空気中の二酸化炭素濃度が増加したために適応力が弱ってしまい絶滅した」というものである。白亜紀後期から古第三紀にかけては、太平洋をとりまく地域に大規模な酸性火山活動があり、また大陸や海洋底でも大規模な玄武岩の火山活動が知られている。

トゥメンバイヤーは、ゴビ地域のジュラ紀以降の構造運動や火山活動を研究している立場から、恐竜の絶滅に関して火山活動の役割が大きかったと考えていた。そして、彼は私の答に対して、

「私も君の先生の意見に同意するよ。火山活動は、白亜紀後期の恐竜にとってとても悪い環境を与えたと、私も考えている」

と、言った。

中生代後期から新しく始まった上部マントルに起源をもつ玄武岩質マグマによる火山活動は、大気中の二酸化炭素濃度を上昇させ、それによる温室効果による地球の温暖化は恐竜を大発展させた。しかし、二酸化炭素濃度のさらなる上昇は、白亜紀の末期になって恐竜を絶滅させ、哺乳類や鳥類の発展を招いたと、私は考えている。

## 泉のある村

午前中のスケジュールを終えて、炎の崖をあとにする時、サンペルガバが、

「あなたと旅をするのも、あと五日になってしまった」

と、言った。

私は、がく然とした。毎日の楽しい旅で私は今日が何日かまったく忘れていた。今日はたしかに二〇日である。もう、ゴビを去る日も近い。

バヤンザクの南側の急な崖の中にある谷筋を車で登り、台地の上の平原に出た。少し行くと、女たちが草を摘んでいた。道を聞いて、南へ向かう。小さな村を左に見て、谷を下る。道があり、羊の群れがいる。車が通ると、道のまわりの羊が逃げまどう。金網に囲まれた畑があり、その近くのゲルで車は止まった。

ここは草原の八百屋さんといったところだろうか。トマトやキュウリ、ジャガイモなどがゲルのまわりに敷かれた青いシートの上に山積みされている。主人は恰幅のよい中小企業のおじさん風で、私が日本から来たと知ると歓迎してくれた。彼は、観光客の多い八月ならまだしも、九月のこんな時期になぜ日本人がここにいるのかが不思議でならなかったようである。

耳の遠いおばあちゃんは、私をモンゴル人と間違えて何回も話しかけてくれた。トマトなどはウランバートルでは高くて手に入りにくいということで、トゥメンバイヤーたちはここで大量に買い込んでいた。主人は我々に甘い瓜をサービスしてくれた。しかし、それは瓜の売りつけにほかならなかった。主人を気前のいいおやじと思い込んでいたトゥメンバイヤーは、裏切られて余計な瓜まで買わされてしまった。商売人はこんな地球の辺境にあっても立派な商売人である。

外にはトラックが二台来て、やはりトマトなどを買っていた。そのうち、一台のトラックはクランク始動で、ボンネットの前で二人の強力が交代でクランクを回していたが、エンジンはかからなかった。

ここから西に進み、バルガー村に着いた。村の南側の崖にはバインシレ層の白い砂岩層の崖があり、その割れ目から泉が湧き出していた。そのきれいな水は、小川となって麓の池に注いでいた。

バインシレ層の砂岩層の砂は粗くて、その砂岩の間隙に水をもっていると言う。また同時にヘビも多いと言う。水のあるこのような風景は、ここがゴビとは思えないほどであった。風が強くなった。この村で買物をして、我々は北西へ三〇キロメートルのところにあるツグリキンシレに向かった。

## 恐竜化石の発見

林原がプロトケラトプスの幼体の化石を大量に発見したツグリキンシレ（口絵10）に着いたのは、午後二時すぎだった。天候は曇りで、強風である。「富豪の台地」という意味のツグリキンシレは曇天と強風で荒涼とした白い砂岩の崖に見えた。車の中でカップラーメンを食べて昼食とし、トゥメンバイヤーからここに分布する地層に関する講義を聞いた。

この白い崖は、おもに白い砂岩層からなり、長さ一二キロに渡っている。この白い砂岩層の中には斜めに傾く褐色の砂岩層がレンズ状にはさまれている。ここからはプロトケラトプスや卵の化石が発見されているが、特に褐色の砂岩層からは完全な骨格化石が発見される場合が多いという。砂岩層には斜めに傾いた層が発達していて、生物の巣孔のような砂管も見られ、全

図 42　ツグリキンシレの白い砂岩層の斜めの葉理と現在の砂丘の砂の傾斜がほぼ同じことから，砂岩層も砂丘で堆積した可能性がある．

体に河川の扇状地のような環境に堆積したと考えられているそうである。この地層はプロトケラトプスが発見されることからバヤンザク層に対比されているが、バヤンザクでは褐色の砂岩層だったのに対して、ここツグリキンシレは白色の砂岩層である。

強風の中、崖を降りて地層の観察と化石の探査をする。砂が顔を打ち、砂ぼこりが目に入る。崖の上部には小石がつまった薄い礫岩層があり、その下には斜めに傾いて重なる白い砂岩層がある。この葉理（砂粒の層状の並び）の傾斜する角度は三〇度近くもあり、これは風成の砂丘（砂漠）の堆積物にも見える。砂岩層の崖の手前には風で堆積した現在の砂丘の砂があり、この砂の傾斜と崖に露出する砂岩層の葉理の傾斜がほぼ同じである（図42）。

砂岩層の中に見られる砂管には、白くて細い砂管が直立しているものもある。これは、これまで見てきた底生生物の巣孔とは少し違い、植物の根の化石かもしれない。そうすると、この白い砂岩層には砂漠や砂丘で堆積したものも含まれている可能性がある。

褐色の砂岩層は硬く突き出して、表面がでこぼこしている。その上面を歩きながら化石を探すが、なかなか見つからない。午後四時になり、あきらめて車に戻る。

車の中でトゥメンバイヤーと今後の予定を検討する。二五日にウランバートルに戻るためには、ここにこれ以上留まるわけにはいかないことを理解する。しかし、ＧＰＳでもう一度位置を出してみた。

「どうもおかしい」

それによると、我々はツグリキンシレの東の端にいて、ツグリキンシレの崖の一部しか見ていない可能性があった。そこで、トゥメンバイヤーにそのことを話し、試みに台地を西に進んでもらった。そうしたら、そこには今までの何倍もの広さの崖が広がっていた。私は、彼に一時間だけ時間をもらい、強風の中、車から飛び出し、崖を降りて行った。

化石はやはり、褐色の砂岩層付近にあった。砂岩層の中に埋もれて、白い指の骨が三本見えていた。プロトケラトプスの足の指先であろう（図43）。ちょうど、中足骨から指骨のところである。写真を撮り、慎重に取り上げる。トゥメンバイヤーが来たので化石の発見を報告して、まわりを見まわす。すると、白い骨の破片がこの周囲に散乱していた。

産状を記載し、化石の状態を観察した。骨は、周囲に発達した硬い砂管によって結びつけら

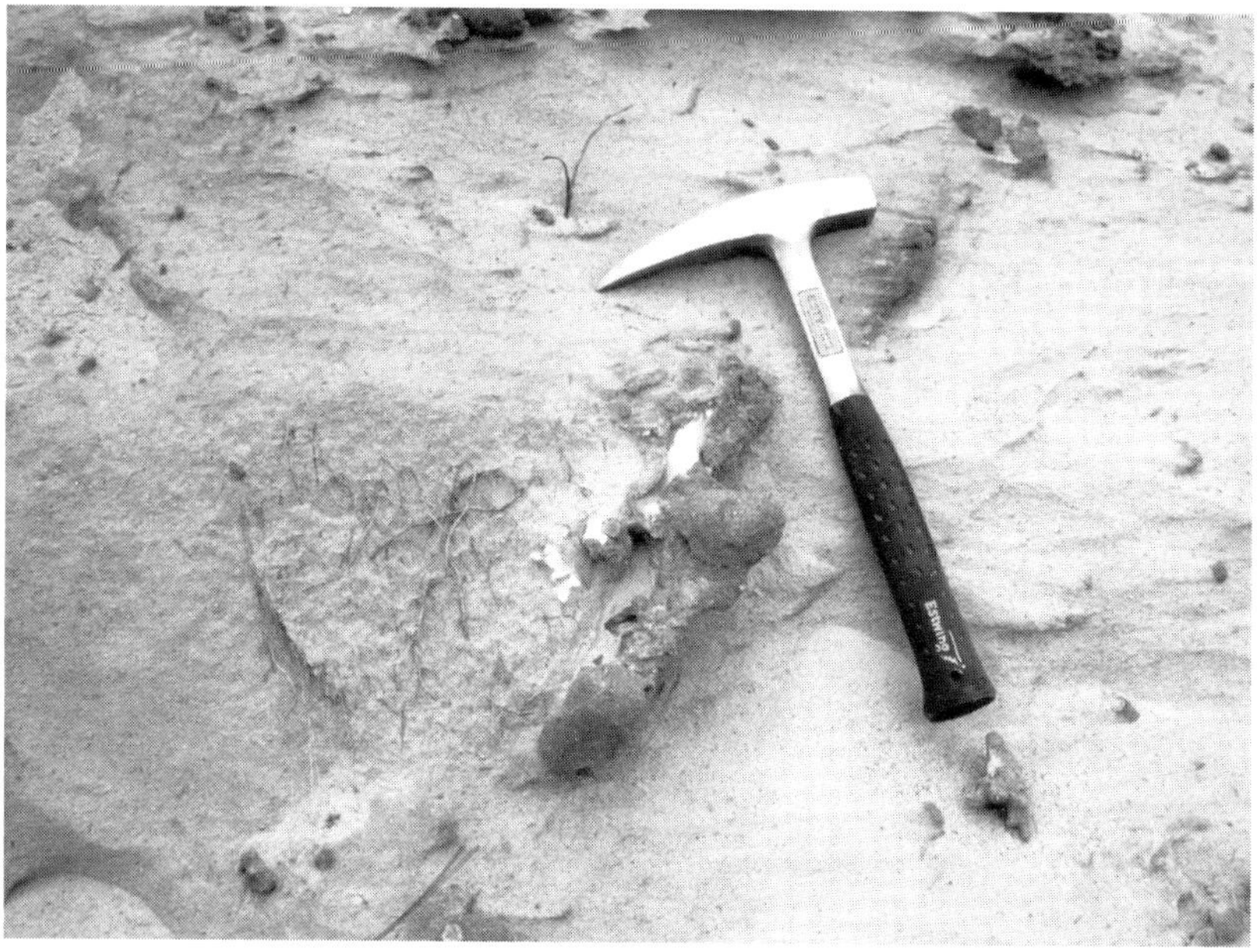
図 43　ツグリキンシレで発見したプロトケラトプスの骨の化石．

れていて、形をとどめていた。骨の化石がばらばらになって出てくることと、砂管が底生生物のものと似ていることなどから、この化石は水辺で砂とともに堆積したと思われた。

風も強く、我々にはもう時間がなかった。この付近を探せばもっと化石が発見できたかもしれないし、化石の堆積した環境も詳しくわかったかもしれないが、私はひとつの化石を自分自身で、発見できたことで満足だった。

「もう十分だ。帰ろう」

と、私は彼に言った。

崖を登り台地に出ると、林原のキャンプした跡に出た。燃やされたゴミや空き缶の山もあった。林原のような大部隊ではゴミも空き缶も大量に出るだろうが、ゴビの人たちが再利用できないものは持ち帰るべきであると感じた。

## オーシ山

午後五時すぎに、ツグリキンシレを出発して、北西に向かった。途中、赤い花崗岩の山を通った。いくつものおかしな形に風化して残った花崗岩の岩山があった。その中には恐竜の形をした岩山もあった。

山を下ると、我々の向かう北東側の空に、黒くて低い雨雲が待ちかまえていた。雨も降り出してきた。ニバのワイパーは動かなくなった。小さな村があったので、雨をしのげる小屋を探すが、無駄だった。

午後七時をすぎたが車の外は雨と風が強い。ゲルで道を聞き、北へ向かう。午後七時半に雨も小降りになり、適当な場所を探してキャンプの準備をした。

北に見える山地の頂には雪が降っている。天気は回復してきたが、寒い。夏から突然冬が来た感じがする。テントをはり終えて、ラジオジャパンのニュースを聞くと、イチローが二〇〇本安打を達成したというのがトップだった。日本は本当に平和だ。

二一日の朝、起きるとテントに霜が降りていた。しかし、昨日と違い天気は快晴である。今日は北に上がり、プシタッコサウルスの産地であるオーシ山を目指す。これがこの旅での化石産地最後のステーションになる。

草原の台地を行くと、その北側に赤い地層の露出が広範囲に見えてきた。どこに行ってよいかわからなかったが、急斜面の谷を下り、崖の近くに出た。崖の上部に玄武岩の溶岩が一枚はさまれていて、それがまるで鉢巻のように崖の上部に突き出ている（口絵11）。ここの地層

図 44　オーシ山の広大な地層の露出．山頂を黒く覆うものは玄武岩溶岩．

は、赤い砂岩層と白い粘土岩層がほぼ水平に繰り返して重なり合っている。これらはおそらく、浅い湖のようなところに堆積したのだろう。

崖に沿って先に進むと、崖はどこまでも続いている。崖の上部の溶岩の鉢巻もほぼ水平に見渡せる。見た限りで一〇キロメートル以上あるだろうか、奥にもつづいているのでどれくらいの範囲かわからない。赤と白の縞模様とその上部に鉢巻のように突き出した玄武岩の溶岩が印象的である。

この地層は、白亜紀前期のツァガンツアフ層ないしシノホト層に対比されるという。岩の間にひそむサソリとヘビに注意して、溶岩のところまで登って地層の観察と化石の探査をしてみたが、山の上に登るとさらに広大な景色が眺められ、その広さに圧倒されてしまった(図44)。

山から降りてきて、私はトゥメンバイヤーに、

「地層の露出があまりにも大きすぎて、それに対してプシタッコサウルスはあまりにも小さすぎて探しきれなかった」

と、言い訳をした。

昼食をとり、いよいよ出発することになった。トゥメンバイヤーは、

「ここが我々の地質見学の最後の地点です。これからハラホリンに寄って、一路ウランバートルに向かいます」

と、私に確認した。

「もう最後になってしまった」

と、私はつぶやき、この調査旅行があまりにも短かったような気がした。

天気は快晴、そこにはモンゴルの青い空、「Mongolian Blue Sky」が広がっていた。オーシ山の水平な縞模様の崖はどこまでも台地の縁を飾っている。私は本当に青い青空を眺め、その青空に向かってカメラのシャッターを切り続けた。

（注6）その後の何度かの調査で、私はバヤンザクの炎の崖から恐竜の骨格と卵の化石を発見している。

# 第六章　帰途

帰路の草原でのキャンプ.

## ゴビよ　さらば

オーシ山の北側に広がるゴビの荒れ地をなんとか脱出して、山を登り、草原に出て、我々は北に向かった。私は草原を走る揺れる車内で、恐竜化石産地の調査を終えた疲れを快く感じていた。道を尋ねていくつかのゲルに寄り、我々は着々と北上して行った。

南ゴビの北、我々がいま通過しているウブルハンガイ県は、ハラホリンを含み、モンゴルの歴史の中で古い時代の中心地だったところである。草原に環状列石があったり、村も多く、そのたたずまいも南ゴビとはどことなく違っている。南ゴビの人はとても親切だが、北に上がるにしたがい人の密度も多くなり、人も変わってくるという。

川に水がある。水のある川は久しぶりである。その川を渡り、丘へ登ると丘の上の道は今までの道とくらべるとハイウェイなみに走りやすかった。我々はいつのまにかミドル・ゴビに入っていた。

外は風が強い。しかし、もうビールタイムの午後六時になったので、キャンプ地を決めなければならなかった。近くには羊の大きな群れがいた。四〇〇頭以上はいるので貧しくはない放牧主だろう。風をよけるために、小さな村の北側で山の東側に入ってキャンプした。

次の日は午前一〇時に出発し、ミドル・ゴビを北へ進み、アルバイヘールという町を目指した。道に沿ってゲルが点々とあり、羊の群れや馬もいた。破壊されたソ連軍の基地の跡があった。残骸はそのままにしてある。村が見え、キツネが前を走った。

村をすぎると、人をいっぱい乗せた大きなトラックとすれちがった。四〇人は乗っていただろうか。村と町を結ぶバスだそうだ。赤い山肌の山なみの中を進んだ。野ネズミが道から穴に走り込む。彼らも冬ごもりのための準備で忙しいのだろう。

水のある川を何度も渡った。もう、ここはハンガイ山脈の南部にあたり、ゴビはすでに終わった。

アルバイヘールに着いたのは正午だった。ちょうど昼休みになったところで、学校や職場から家へ帰る人や生徒が道をたくさん行き来していた。こんなにたくさんの人を見るのも久しぶりだ。モンゴルの町や村の学校はお昼までか、または昼休みが長く、ほとんどの生徒は家に帰ってしまうらしい。

女子生徒は、黒いワンピースにレースのエプロンドレスという制服で、とてもかわいらしい。中にはピンクの大きなリボンを髪につけている小学生もいる。男子は青い上着を着ていた。

モンゴルの義務教育は八年（小学校が三年、前期中学校が五年）で、最近まで就学率が一〇〇パーセントで完全実施されていたそうである。その上の後期中学校（高校）に二年行くと、大学進学ができる（注7）。遊牧地域の子供たちは、親元から離れて学校の寄宿舎で生活して、学校の休みに親元に帰るという生活をする。そのためモンゴルの学校は休みが多いらしい。モンゴルは、義務教育や奨学金制度が徹底していて、たいへん教育熱心な国であった。

しかし、最近では自由化と教育への国家予算の削減によって、モンゴルの誇るべき教育制度が揺らいでいるという。遊牧民の中には家畜の私有化にともない、子供を学校にやらずに家の仕事の手伝いをさせる者も増えている。

この町で、ウランバートルへの連絡と買物をして、町を出た。町の出入口の壁には、「すべての運転手は一年に五〇リットルのガソリンを節約しよう」というスローガンが書かれていた。

道は舗装道路である。この町の南側や北側にはかつてソ連軍の基地があり、ウランバートルからそこまでは一応道路が舗装されていた。しかし、ソ連軍の基地がなくなった現在、道路の補修がほとんどされていないため、走りにくい区間も多い。

大きな川にかかる橋があり、それを渡ったところで我々は舗装道路から外れて、その川に沿って北北西に入った。いよいよハンガイ山脈である。三〇分ほど行った山の麓の川のほとりで昼食にした。

## ハンガイ

川の水がとても青い。なぜ青いのかとしばらく考えて、ようやくわかった。水の表面が青い空を映していたのだった（口絵12）。それほど空が青い。昼食の用意のあいだ、川の水で髪を洗った。頭が凍るように冷たい。快感である。

近くの丘で、一人の猟師がタルバガンの猟をしていた。猟師はゆっくりとタルバガンに近づき、狐のようなかっこうをして注意を引き付けると、タルバガンは警戒して穴の上で起立する。その時、弓で獲物を射る。タルバガンの習性を利用した猟で、どことなく愛敬がある。この猟のことは聞いてはいたものの、こんな近くで猟を見られるとは思わなかった。殺したタルバガンをぶらさげてバイクで立ち去る猟師を見て、

「悪い猟師だ」

と、トゥメンバイヤーがつぶやいた。

車は、ヤクの群れのいる白い花崗岩の山あいを登って行った（図45）。峠付近の西側の山

図 45　ハンガイ山脈の花崗岩の山あいの草原で出会ったヤクの群れ.

頂部には、黒い変成岩が白い花崗岩の上に断層でせり上って分布していた。峠を境に分布する花崗岩の白と変成岩の黒のコントラストが印象的だった。

峠には車を待つ旅人が数人いた。彼らは乗せてくれる車が来るまでここで何日も待っているという。

峠を下り、ヤクの放牧されている草原を通り、川を何度か渡った。そして、電信柱や家がある谷あいに出た。

山に木がある。針葉樹や広葉樹の樹木がまばらではあるが、山の斜面のところどころに茂っている。黒い鳩が飛んでいる。リスが道を横切る。

トゥメンバイヤーの話では、ハンガイ山脈の中には温泉が出るところがあり、保養や観光の施設があるという。しかし、そこは日本の温泉のような賑わいはないという。日本の温泉や温泉宿のサービスを知っている彼は、モンゴル人の温泉利用についてたいへん残念がっていた。

外国人ツーリストキャンプのあるホジルトという町を通過して、東へ進んだ。道には若い女の子が二人、止まってくれる車を待っていた。山の麓を川に沿って進んで行く。起伏の多い山麓のアップダウンを北に進む。午後六時になり、山側に入り込んでキャンプ地を探す。

トゥメンバイヤーは昨年この付近に金属鉱床探査に来たことがあり、その時キャンプしたゲルのあるところでキャンプすることになった。この風化した花崗岩がごつごつと頭を出している山地には銅鉱床があるらしい。

夕食をしていると、近くのゲルの女の子が黒い犬を連れて羊の皮を売りに来た。交渉の結果、ウッジードーが羊の皮を買い、犬に夕食の残飯をサービスした。そのお礼か、犬は夜中まで我々のキャンプの見張りをしてくれた。黒くて大きな犬はモンゴル犬で、ゲルでは必ずこの犬を飼っている。モンゴル犬はゲルの家族の一員でもある。

朝起きると、近くのゲルの煙突から白い煙が出ていた。これを見たウッジードーが、

「彼らが我々を招待したいと合図している」

と、言う。

その煙突の煙は、我々のためにシミンアルヒを造っているものだった。じきに、昨日の女の子たちがシミンアルヒを持って、彼女たちの家族が我々を招待していることを正式に告げに来た。彼女たちの顔は、日本の東北地方の女の子のようにまっ赤なほっぺをしていた。お礼に、彼女たちにトマトと空のペットボトルや空き缶をプレゼントすると、彼女たちはそれを抱えて喜んでゲルに戻って行った。

ゲルを訪ねて歓待を受け、シミンアルヒを造っているようすを拝見した。アイラグのような原酒を入れた鍋にブリキでできた筒をかぶせ、その上に水を入れた洗面器をのせる。洗面器の下には缶をつるしておく。乾燥糞を焚いて原酒を蒸発させると、筒の上に置いた洗面器の底で蒸気が冷えて、その下につるした缶の中にシミンアルヒがたまる仕掛になっている（図46）。さっそく、できたてのシミンアルヒを飲ませてもらった。

ゲルの家族にポラロイド写真をプレゼントして、我々はハラホリンに向かった。

## ハラホリン

モンゴル帝国の古都カラコロムのあったこの町は、北北西―南南東の幅広い盆地の南側の縁にあった。この町の周辺の盆地には潅漑用水もあり、広大な畑が広がってい

図 46　ゲルでのシミンアルヒの造り方を見せてもらう．

図 47　ハラホリンのエルデニゾーの外壁.

た。

カラコロム（黒い砂地）は、モンゴル帝国の二代皇帝オゴデイが一二三五年に建設した都市で、五代皇帝フビライが大都（北京）に遷都したために衰退したといわれる。この地にはその後、現在モンゴル国の大多数をしめるハルハ族の初の部族長アダイハーンがダライラマ三世に拝謁して、一五八六年にエルデニゾーという仏教寺院を建立した（図47）。

この寺院は中国とソ連の軍隊によって二度にわたって破壊されたが、四方の外壁とゴルバンゾー（三寺）、ソボルガン塔、ラブラン寺などが再建されて残っている。

英語の話せる女性のガイドに、エルデニゾーを簡単に案内してもらった。我々の来る一〇日前に、ダライラマがここを訪れたらしい。ラマ教の寺院はモンゴルには多く、チベットとのむすびつきも強い。この寺院では現在もラマ僧の修行が行われていて、それも見学できた。若い僧侶の卵たちがたくさんいた。

社会主義体制、特にスターリンの粛正時代にはモンゴルでもほとんどの寺が破壊され、僧侶は捕らえられ、宗教が完全に禁止されていた。

見学の後、町のレストランで昼食をとった。レストランといってもテーブルと椅子があるだけの店で、一〇年以上は使われていないと思われるアイス・ボックスが置かれていた。ここでは、ホーショールという平らな揚げ餃子とゴイモンティシュル（肉うどんのようなスープ）を食べた。この店の犬がテーブルの下で客のサービスを待っていた。

店の外には小さなザハがあり、人だかりができていた。道の反対側では座りこんでサイコロ賭博をする人たちがいた。帰りに通ったエルデニゾーの前には車を待っている家族がいた。

## ウランバートルへ

ハラホリンをあとにして、我々はウランバートルに向かった。北東へ向かい、盆地を越えて川を苦労して渡り、山を越えて道に出た。この道は舗装する直前のもので、道が硬すぎてとても走りにくい。そこで、この道と並行している草むらの道を走る。やがて舗装道路に出るが、すぐにジャリ道になる。そんなことを繰り返して、ようやく完全に舗装された道路に出た。

川沿いの主要道に出ると道のわきにゲルが一〇軒ほど並んでいた。そこにはトラックや車も止まっていた。これはモンゴル風のドライブインである。このようなドライブインは、ここからの帰りの道沿いにしばしば見かけた。この中には、派手な看板を出したモンゴル風モーテルまであった。

舗装道路はところどころ穴があいていて、いくらか対向車がいるという以外、これまでの通ってきた刺激のある道とくらべると安全だった。空は曇りで、道は緑の草原や畑が広がる盆地の中を通っていた。我々はウランバートルまで二五〇キロメートルというところまで来ていたが、午後六時近くになったのでキャンプ地を探して道路から北側の山地の斜面に入って行った。

キャンプ地を決めてビールタイムにした。ふと見るとニバの右後輪がバースト（パンク）している。スペアータイヤはあるものの、男連中総がかりでタイヤのパンク修理にとりかかった。タイヤのゴムをホイールから外すのがたいへんだった。二時間のほとんどはこれに費やされた。ホイールが外れると、自転車のパンクなおしと同じように、チューブの穴をゴム板で接着して修理した。

パンクもなおり、ゴビ旅行最後の晩餐である。この調査旅行は天候にも恵まれ、大きな事故や故障もなく、予定のスケジュールを消化できた。その間に私は、本にも書ききれないほどの多くのいろいろな経験をすることができた。私は、三人に感謝した。

ウッジードーは、次の私の調査でもドライバーをしてくれると約束してくれた。そして、

「それまでに英語を勉強しておく」

と、付け加えた。

「私も、それまでにモンゴル語を勉強しておく」

と、約束した。

「トゥメンバイヤーはベストガイドよ」

図 48　吹雪に見舞われ、早々に退散.

と、サンペルガバが言った。

「まさしく、ベストガイドだ。そしてマイ・ベストフレンドだ」

と、私は言った。

二四日の朝は、テントを揺らす風の音で午前四時と七時に起こされた。風が強いなと思って、寝袋にしっかりと頭を突っ込んでウトウトとしていると、突然テントをたたく激しい雨音がした。

びっくりして外に飛び出ると、雪である。それも吹雪だ。トゥメンバイヤーたちも起き出て来て、あわてている。私は雪を見てはしゃいでみせた。大雪になるとここから出られなくなるので、我々は簡単に朝食をすませてすぐに出発することにした（図48）。

食事をしている短い間に、雪はすでに草原を白くしていた。我々はあわてて荷物を車に放り込み、この場所から逃げ出した。舗装道路までなんとか出て、ウランバートルに向かって走った。

午前一〇時半ころに雪は止み、大きな川（トーラ川の下流）にかかる橋を渡った。正午すぎて、鉄道の線路が見えた。しばらくして、前方に草原の中の町ウランバートルが見えてきた。

## サマーハウス

ウランバートルのトゥメンバイヤーのアパートには、午後一時すぎに到着した。我々のゴビ調査は一七日間、走向距離は二五〇〇キロメートルにおよんだ。

昼食をとり、ひさしぶりの風呂に入って、リラックスした。心地よい疲労感が体に満ちてくる。帰着の簡単な報告を書き、それを自宅と博物館にファックスで送った。

夕方に、私は町の東側の高台にあるトグラックさんのお母さんのアパートに引越しをした。この付近はいわゆる山の手の住宅地にあたる。ウランバートルの街路樹は、すでに黄色に色づき落葉が始まっていた。私のいない間にこの町は、すでに晩秋を迎えていた。

このアパートは九階建てで、エレベーターもついている。しかし、一日のうちに何度か停電のあるこの町では、エレベーターに乗るのはロシアン・ルーレットをやるようなスリルがある。停電は午前中にもあるが、夕食の支度に忙しい夕方に頻繁にある。食事の支度にガスではなく電熱器を使うこの町では、おそらく食事の支度が集中する夕方に電気消費量が供給量を上回ってしまうのだろう。ウランバートルには石炭火力発電所が三か所あり、その煙突はこの町の空にスモッグを供給している。

二五日は日曜日だった。私は午前中荷物の整理をして、昼にトゥメンバイヤーのアパートで

図 49　サマーハウスでともにすごしたトゥンバイヤーの家族．

昼食をご馳走になった。午後は予定がなかったので、彼の家族と彼のサマーハウス（別荘）に出かけることにした。

彼のサマーハウスは、ウランバートル市街から車で三〇分ほど北に行った黄金色に色づいた山の麓にあった。この付近はゾズラン（夏営地）と呼ばれ、広い範囲にわたって小さなサマーハウスが立ち並んでいる。日曜日ということもあり、若者のグループや家族連れがこの地区を訪れて休日を楽しんでいた。サマーハウスのまわりの草原にはエーデルワイスが咲いていて、我々はそこで子供たちと追いかけっこや相撲をやって楽しく遊んだ（図 49）。

モンゴルでは土地に値段はない。したがって家を建てるのに土地を買う必要がない。

「君もうちの隣に家を建てないか」

と、トゥメンバイヤーが誘ってくれた。

市街に帰る途中、板塀で囲ったゲルやバラックが密集しているところを通った。ここでは、誰もが板塀で土地を囲って勝手に家を建てて住んでいるらしい。

アパート住まいの私は、

「日本では土地が高くて家を持つことができないので、モンゴルに大きな家を建てるかな」

と、言った。

また、この町では最近、ちゃんとした個人の一戸建ての家を建てることもできるらしく、帰りの道すがら、建設中のそれらしき建物をいくつか見た。

昼間は息子たちの良きパパであったトゥメンバイヤーは、その夜、夜のウランバートルを私に案内してくれた。とは言っても、その夜は彼とホテルのレストランで食事をして、その後ホテルのバーでビールを飲んだだけである。

夜のウランバートルには昼に負けないくらいの車が走っていた。レストランやバーはほとんど外国人用のホテルにしかないため、それをはしごするとなると、飲酒運転にきびしいウランバートルではタクシーが必要になる。正式なタクシーはほとんどなく、いわゆる白タクである。白タクの専門車にはドライバーと助手が乗っていて、客もそこそこいるようである。ホテルのバーにはホステスまがいの英語のできる若い女性も集まっていた。

夜の町をうろつきながら、ウランバートルもどこにでもあるふつうの都会になりつつあることを理解し、少しさびしい想いがした。

## モンゴルを去る

二六日には、古生物学研究所の石垣さんと地質調査所の坂巻さんに、ゴビから帰ってきたことの報告と挨拶に行った。また、南ゴビで会えなかったミンジン教授も帰って来ていたので会いに行った。

私はそのあい間をぬって、ウランバートル市内の第一六幼稚園と第四五小・中学校を訪問した。モンゴルの子供たちに恐竜の塗り絵を描いてもらい、我々の博物館に展示しようという企てを、幼稚園と小学校の先生にお願いするためである。私のお願いは快く受け入れられた。これでまた、ひとつの小さな国際交流の糸がつながった（図50）。

夜は、私が日本から送った携帯用食料で、私がコックとなり、モンゴルの友人たちを招待してささやかな夕べをした。ゴビ調査では、私はみんなと同じ食事をしていたので、携帯用食料のほとんどが残っていた。私は、この

図 50　第 16 幼稚園の子供たちと.

晩餐でレトルトのカレーライスを彼らにサービスしたが、彼らは、

「インドやジャワの人は、こんなに辛いものを食べているのか」

と言って、あまり手をつけてくれなかった。

ウランバートルでは、日本の中古車を意外と多く見かけた。私の住む「静岡県」という名の入ったスバルや、「佐川急便」のトラックなど、車を見ているだけでもおもしろかった。日本はモンゴルでも新しい古いにかかわらず自動車の供給と普及に貢献している。

町を走る車はピンからキリまであり、キリは何十年前のものか想像もできないほど古い車もあった。道路で動かなくなっている車は日常茶飯事である。町の中でも橋が壊れて川の中を渡らなくてはならないこともあり、また舗装されていない道も多く、さらにはまともに走らない車がひしめいているので、町の中を走るのにも日本とは少し違った危険がつきまとう。

二七日には外事警察署で旅行許可取り消しを行い、地質調査所のＪＩＣＡ事務所で文献のコピーをさせてもらった。コピーなどの器械はモンゴルではまだ少なく、あってもメンテナンスができないためにすぐに使えなくなってしまうらしい。

午後からかつてのレーニン博物館だった建物の中にある、地質鉱物博物館を訪問した。標本や展示もよく整理されていていた。トゥメンバイヤーの学生だったという女性の解説員から、英語でわかりやすく展示の説明を受けた。その後、館内でアルヒをいただきながら、館長やその女性と、標本の交換やお互いの博物館の夢などについて話をした。

彼女は私に、

「再びあなたがこの博物館にいらっしゃることを期待しています」

と、言った。私は、

「ネメグト盆地を調べる次の調査がありますので、近い将来に必ず」

と、言って別れた。

その夜は、トゥメンバイヤーの家族とモノマップのサンダール夫妻が、私のためにお別れパティーを開いてくれた。楽しかったモンゴルの旅も今夜が最後である。その晩は、モンゴルの友人たちと楽しい一夜をすごした。

次の日、トゥメンバイヤーは私を空港まで送ってくれた。あわただしくトゥメンバイヤーと再会の約束をして別れた。彼はジェット機に私が乗り込むのを見とどけてくれた。そして、私は午前一一時半に晩秋の高原の空港から北京に向かって飛び立った。

北京までのフライトは、まるで天上から地上に舞い降りるような気分である。空は途中から曇り、行きのように砂漠や山々を眼下に見ることができなかった。私は目をつぶり、これまでの数週間の出来事をゆっくりと回想していた。まるでそれは長い夢だったかのように、ひとつひとつ脳裏に浮かんできた。

北京には二時間後に着いた。そこはまだ夏だった。まったくの別世界に来た。高原から地上へ、静寂から雑踏へ、晩秋から真夏へ、そして私の時計は再び動きだした。私は、コートもセーターも脱ぎすてて、重い荷物を引っ張り回し、汗まみれになって北京空港の雑踏の中を駆けていった。

北京空港では中国に入国して、すぐに出国した。北京空港からは全日空機で、午後三時すぎに日本に向かった。時折しも、日本列島には台風も向かっていた。雨の成田空港には午後八時すぎに到着した。
そこにはほぼ一か月ぶりで会う妻が待っていてくれた。

## ダニ騒動

次の朝、家でシャワーを浴びていた時に、左腹部に小指の爪ほどの大きさの黒いものがついているのに気づいた。引っ張っても取れない。眼鏡をかけてじっくりと観察して驚いた。虫である。私の腹に頭を突っ込んでいる。ちゃんと足もある。それを見た妻は悲鳴をあげ、大騒ぎで私は病院に連れて行かれた。

市立病院の皮膚科で、この虫は「ダニ」と診断された。こんなに大きなダニは日本では珍しいと言って、写真を撮られるは、看護婦さんたちがたくさん見学には来るはで、有名になったダニの主人としてはたいへん恥ずかしい思いをした。そのダニは私の腹部を切って取りはずされ、液浸標本にされた。私の腹部はそのために六針も縫われた。

一一月のはじめに、皮膚科の先生から家に電話があった。このダニはマダニ科ヤノマ属の一種で、まだ分類されていない非常に珍しい種類であるとの報告である。

恐竜化石を探しに行ったゴビの旅であったが、新種のダニを知らぬ間にサンプルして帰って来たという落ちをつけて、この紀行文を終わることにする。

（注7）モンゴル国の教育制度はその後いろいろと改訂されたが、二〇一四年度から五・四・三の一二年制になった。

# あとがき

私はこの旅で、モンゴル・ゴビのジュラ紀から白亜紀にかけての地層と化石についての多くのことを学んだ。ジュラ紀以降の地質時代は、地球の歴史の中でも新しい展開のあった時代である。玄武岩の活動にともなって、大陸や海洋底の隆起と形成、さらに海面の上昇などがあり、その結果現在の地形の原形が形成された。また同時に、生物界では被子植物や石灰質の殻をもつプランクトン、哺乳類、鳥類、硬骨魚類など現在繁栄する生物の祖先が誕生し、進化していった時代でもある。

ゴビでもジュラ紀から白亜紀にかけての地質時代は、やはり玄武岩の活動と山地の隆起、それに平原盆地の形成で特徴づけられていた。そして、その中で恐竜たちや哺乳類の先祖たちが生きていた。私はあらためて、トゥメンバイヤーはじめこの旅で私をサポートしてくださったモンゴルの友人たちに感謝する。

モンゴルの人たちはとても独立心が強く、誇り高く、そしてとても気がいい。それは、彼らがきびしい自然の中で生活を築き上げてきた人々であり、またチンギスハーンを民族の英雄としながらも、他国の侵略や民族の分離の苦しみを長い歴史の中で味わってきた人々だから、当然のことかもしれない。

モンゴルの人口構成は非常に若く、一五歳未満の人口が四四パーセント、二十歳未満が五五パーセントをしめている。モンゴルは、現在人口も少なく経済力も弱いが、この人口構成を見てわかるとおり、これからの世代を担う若者の多い若い国である。
今、モンゴルでは試行錯誤の中、新しい国づくりが始まっている。彼らの新しい憲法には、「家畜は国民の富であり、国家の庇護下にある」として、遊牧の生活がモンゴルの生活基盤であるということを最初に唱っている。彼らは自分自身を見失ってはいない。そして、彼らは混乱の中からきっと誰にも干渉されないモンゴル民族の国をつくっていくに違いないと、私は期待している。

「チンギスハーンは源義経である」という話を聞いた方もおられるだろう。これは明治時代に言われ出したのであるが、まったく根拠のない嘘である。大日本帝国は第二次世界大戦中、内モンゴルに侵略した時に国内でこの嘘を流布させた。これは、日本のモンゴル侵略を正統化するためのひとつの手段に使われたのではないだろうか。現在でも中国の政治家の中には、「チンギスハーンは中国人である」と言う人がいるという。

自分の利益や自分の国の利益のために他国の富や他民族を利用するのではなく、私たちはお互いに独立した個人として、そして友として、お互いの生活や国のことを気づかい助け合っていきたいものである。そのためにはまず、お互いに交流し合い、お互いの国の歴史や人々の生活と文化を十分に理解することが必要であると考える。

今回のモンゴルへの調査旅行は、このことを私に再認識させてくれた旅でもあった。

一九九五年五月二四日　清水にて

柴　正博

著者紹介

**柴　正博**（しば　まさひろ）

1952 年生まれ
東海大学大学院海洋学研究科修士課程修了　理学博士
東海大学海洋学部博物館　学芸担当課長　学芸員を経て,
現在 , ふじのくに地球環境史ミュージアム　客員教授
著書：『駿河湾の形成』(2017 年　東海大学出版部)
『駿河湾学』(2017 年　分担執筆　東海大学出版部)
『はじめての古生物学』(2016 年　東海大学出版部)
『地質調査入門』(2015 年　東海大学出版部)
『日本の地質 増補版』(2005 年　分担執筆　共立出版)
『新版 静岡の自然をたずねて』(2005 年　分担執筆　築地書館)
『新版 博物館学講座 6 』(2001 年　分担執筆　雄山閣出版)
『しずおか自然図鑑』(2001 年　分担執筆　静岡新聞社)
『化石の研究法』(2000 年　分担執筆　共立出版)
『新版 地学事典』(1996 年　分担執筆　平凡社)
Web page: Dino Club（http://www.dino.or.jp/）

モンゴル・ゴビに恐竜化石《きょうりゅうかせき》を求《もと》めて

2018 年 6 月 5 日　第 1 版 第 1 刷 発行

著　者　柴　正博
発行者　浅野清彦
発行所　東海大学出版部
〒 259-1292　神奈川県平塚市北金目 4-1-1
TEL 0463-58-7811　FAX 0463-58-7833
URL http://www.press.tokai.ac.jp/
振替　00100-5-46614
印刷所　港北出版印刷株式会社
製本所　港北出版印刷株式会社


ISBN978-4-486-03739-2